"十四五"职业教育国家规划教材

中等职业学校规划教材
浙江省中职选择性课改教材

化学分析技术

邵国成　许丽君　主编

化学工业出版社

·北京·

内容简介

《化学分析技术》以项目化的形式编写而成，共分14个项目，分别为滴定分析数据处理，滴定分析仪器的使用，盐酸标准溶液的配制与标定，氢氧化钠标准溶液的配制与标定，混合碱中NaOH、Na_2CO_3含量的测定，滴定分析仪器的校准，EDTA标准溶液的配制与标定及水中硬度的测定，硫酸镍中镍离子含量的测定，高锰酸钾标定及H_2O_2含量测定，$Na_2S_2O_3$标准溶液的标定及胆矾中$CuSO_4$含量的测定，化学需氧量的测定，硝酸银标准溶液的制备及水中氯离子含量的测定，酱油中NaCl含量的测定，可溶性硫酸盐中硫酸根含量的测定。

本书重在应用，通过大量实操图片，以"连环画"形式展示操作步骤，简明易懂，便于学生规范操作、掌握技术、提高兴趣。全书叙述浅显明了，图文并茂，适合中等职业学校化工类专业的教学使用，也可作为企业员工的化学检验技术的培训教材。

图书在版编目（CIP）数据

化学分析技术/邵国成，许丽君主编． —北京：化学工业出版社，2018.8（2024.9重印）
中等职业学校规划教材　浙江省中职选择性课改教材
ISBN 978-7-122-32213-5

Ⅰ．①化… Ⅱ．①邵… ②许… Ⅲ．①化学分析-中等专业学校-教材 Ⅳ．①O65

中国版本图书馆CIP数据核字（2018）第103591号

责任编辑：旷英姿　林　媛　　　装帧设计：关　飞
责任校对：吴　静

出版发行：化学工业出版社（北京市东城区青年湖南街13号　邮政编码100011）
印　　装：北京缤索印刷有限公司
787mm×1092mm　1/16　印张10½　字数259千字　2024年9月北京第1版第10次印刷

购书咨询：010-64518888　　　　　　　　售后服务：010-64518899
网　　址：http://www.cip.com.cn
凡购买本书，如有缺损质量问题，本社销售中心负责调换。

定　价：38.00元　　　　　　　　　　　　　　　　　　　　版权所有　违者必究

前　言

化学分析技术是中等职业学校化工类专业学生必须掌握的一门核心技能。这门技术从长期的职业教育化工专业教学实践出发，以技能培养为主线，以培养学生综合能力为目标，构建了新型实践课程体系。多年来，为了让学生理解化学分析的基本原理，掌握化学分析的各项技能，我校化工专业教师团队开展了化学分析专业教学的创新与研究，这套由化学工业出版社规划出版的教材就是我校教学团队的教研成果之一。

本教材以项目化的形式编写而成。每个项目都安排了"项目导入""学习目标""工作任务""任务活动过程"，其中"任务活动过程"是本项目的重点，又细分为"任务简介""任务目标""任务准备""内容"等环节，条理清晰，做学一体。每个项目既相互联系，又各有侧重，从简单到复杂，从基本操作到实际应用，层层递进，亦温故亦知新，亦动手亦动脑，任务式驱动，操作中学习，非常适合中职学生的学习特点。

本教材回避了比较复杂的基础理论和分析原理。我们在长期的教学实践中发现，中职学生对于理论讲授既无兴趣，也不易接受，他们的兴奋点通常是单刀直入，通过实际动手破解任务目标，享受成功带来的喜悦和成就感。因此，我们就把编写的重点放在了如何准确规范地进行操作和学生学习兴趣点的激发上，为了使学生能把握操作要点，我们拍摄了大量的实操图片，"连环画"式地展示操作步骤，会大大激发学生对知识、技能的学习热情！本书第7次印刷紧密结合知识点和技能点，有机融入素质拓展内容，体现党的二十大报告中提出的"落实立德树人根本任务，培养德智体美劳全面发展的社会主义建设者和接班人"的精神，有助于学生在学习专业技能的同时，提高道德素养，树立正确的世界观和价值观。

本书由杭州中策职业技术学校包红主审，绍兴市中等专业学校邵国成、许丽君主编，绍兴市中等专业学校傅美玲参编。项目一至项目四及附录部分由邵国成编写，项目五至项目十三由许丽君编写，项目十四由傅美玲编写，全书照片由许丽君拍摄并编辑。浙江医药股份有限公司工程师及浙江省中高职从事化工分析教学的教师对本书的编写提供了很多指导和帮助，在此一并表示感谢。由于编者水平有限，加之时间仓促，书中难免有不妥和不足之处，恳请读者和同行们批评指正。

编　者

目 录

项目一　滴定分析数据处理　1
　　任务　滴定分析数据的处理　2
　　知识链接　6
　　项目总结　7
　　素质拓展　7
　　思考题　7

项目二　滴定分析仪器的使用　8
　　任务一　滴定管的使用　9
　　任务二　容量瓶的使用　15
　　任务三　移液管的使用　19
　　任务四　电子分析天平的使用　22
　　知识链接　27
　　项目总结　29
　　素质拓展　29
　　思考题　29

项目三　盐酸标准溶液的配制与标定　30
　　任务一　盐酸标准溶液的配制　31
　　任务二　盐酸标准溶液的标定　33
　　知识链接　36
　　项目总结　36
　　思考题　36

项目四　氢氧化钠标准溶液的配制与标定　37
　　任务一　氢氧化钠标准溶液的配制　38
　　任务二　氢氧化钠标准溶液的标定　39
　　知识链接　41
　　项目总结　41

思考题 ··· 41

项目五　混合碱中NaOH、Na₂CO₃含量的测定　　42

　　任务　混合碱中NaOH、Na₂CO₃含量的测定 ····················· 43
　　知识链接 ··· 47
　　项目总结 ··· 48
　　思考题 ··· 48

项目六　滴定分析仪器的校准　　49

　　任务一　移液管和容量瓶的校准 ··· 50
　　任务二　滴定管的绝对校准 ··· 55
　　知识链接 ··· 59
　　项目总结 ··· 59
　　思考题 ··· 60

项目七　EDTA标准溶液的配制与标定及水硬度的测定　　61

　　任务一　EDTA标准溶液的配制与标定 ································ 62
　　任务二　水硬度的测定 ··· 66
　　知识链接 ··· 68
　　项目总结 ··· 69
　　思考题 ··· 70

项目八　硫酸镍中镍离子含量的测定　　71

　　任务一　EDTA标准溶液的配制与标定 ································ 72
　　任务二　硫酸镍中镍含量的测定 ··· 75
　　知识链接 ··· 78
　　项目总结 ··· 79
　　思考题 ··· 79

项目九　高锰酸钾标定及 H_2O_2 含量测定　　80

　　任务一　高锰酸钾标准溶液的配制与标定 ··························· 81
　　任务二　H_2O_2含量测定 ··· 86
　　知识链接 ··· 90
　　项目总结 ··· 90
　　思考题 ··· 91

项目十　Na₂S₂O₃标准溶液的标定及胆矾中CuSO₄含量的测定　　92

　　任务一　Na₂S₂O₃标准溶液的配制与标定 ··························· 94
　　任务二　胆矾中CuSO₄含量的测定 ······································· 98
　　知识链接 ··· 102

项目总结 ·· 103
思考题 ·· 103

项目十一　化学需氧量的测定　　　　　　　　　　　　　　　　　　　　104

任务一　高锰酸钾标准溶液的配制与标定 ·· 105
任务二　化学需氧量的测定 ·· 110
知识链接 ·· 113
项目总结 ·· 113
素质拓展 ·· 114
思考题 ·· 114

项目十二　硝酸银标准溶液的制备及水中氯离子含量的测定　　　　　　　115

任务一　硝酸银标准溶液的制备及标定 ··· 116
任务二　水中氯离子含量的测定 ·· 121
知识链接 ·· 123
项目总结 ·· 124
思考题 ·· 124

项目十三　酱油中 NaCl 含量的测定　　　　　　　　　　　　　　　　　　125

任务一　$AgNO_3$、NH_4SCN 标准溶液的配制与标定 ··· 126
任务二　测定酱油中 NaCl 的含量 ··· 132
知识链接 ·· 135
项目总结 ·· 135
思考题 ·· 136

项目十四　可溶性硫酸盐中硫酸根含量的测定　　　　　　　　　　　　　137

任务　沉淀分析法测定可溶性硫酸盐中硫酸根含量 ··· 138
知识链接 ·· 143
项目总结 ·· 144
思考题 ·· 144

附录　　　　　　　　　　　　　　　　　　　　　　　　　　　　　　　145

附录一　技能操作评价表 ··· 145
附录二　常用基准物质的干燥条件及应用 ·· 154
附录三　常用指示剂 ··· 155
附录四　常用缓冲溶液的配制 ··· 157
附录五　国际原子量表 ·· 158
附录六　常见化合物的摩尔质量 ·· 159

参考文献 ·· 162

项目一　滴定分析数据处理

项目导入

定量分析的任务是测定试样中组分的含量，测定的结果必须达到一定的准确度，才能满足生产和科学研究的需要。在实际分析测试过程中，由于主、客观条件的限制，测定结果不可能和真实含量完全一致。这就说明分析过程中客观上存在难以避免的误差。因此，在进行定量分析时，要得到被测组分的含量，不仅要准确地进行测量，正确记录实验数据和结果计算，而且必须对分析结果进行评价，判断分析结果的可靠程度，检查产生误差的原因，以便采取相应的措施减小误差，使分析结果尽量接近客观真实值。

学习目标

（1）理解定量分析中准确度与误差、精密度与偏差的关系。
（2）能理解定量分析中准确度、精密度的关系。
（3）能够正确分析定量过程中产生误差的原因，提出减免方法。
（4）会正确记录测量数据、正确计算和保留分析结果的有效数字。
（5）能够正确记录测量数据、正确计算和保留分析结果的有效数字。

工作任务

滴定分析结果的数据处理。

任务活动过程

任务简介

在滴定分析中，由于仪器不准确、方法不完善、环境不符合要求、测量者的技术水平和责任心等因素的影响，使得测量结果与实际值（真值）之间会有差异。作为滴定分析人员应学会分析滴定分析过程中产生误差的原因，进行有效数据的运算处理，并按要求编写检验报告。

任务目标

（1）正确、熟练进行误差、有效数据处理运算。
（2）正确、熟练进行可疑数据的取舍。
（3）正确编写化学检验报告。

内容

任务　滴定分析数据的处理

定量分析的任务：准确测定试样中组分的含量。

实际测定中，由于受分析方法、仪器、试剂、操作技术等限制，测定结果不可能与真实值完全一致。同一分析人员用同一方法对同一试样在相同条件下进行多次测定，测定结果也总不能完全一致，分析结果在一定范围内波动。

由此说明：客观上误差是经常存在的，在实验过程中，必须检查误差产生的原因，采取措施，提高分析结果的准确度。同时，对分析结果准确度进行正确表达和评价。

一、误差、有效数据处理运算

定量分析的任务是测定试样中组分的含量，要求测定结果必须达到一定的准确度。而实际测定中，物质质量的称量和体积的量取、滴定终点的判断、仪器示值的显示和读取等都存在一定的误差。不准确的分析结果会导致产品报废、资源浪费，甚至在科学上得出错误的结论。因此，化学检验人员不仅要按操作规程规范地进行操作、正确地记录数据和计算分析结果、合理地进行数据处理，还必须熟悉误差的规律，能正确评价分析结果的准确度，找出误差产生的原因，采取相应的措施减免误差，把误差控制在允许的范围内，使其满足生产、科研等的要求。

1．准确度和误差

（1）准确度　准确度是指测定值与真值（即标准值）相接近的程度。准确度的高低用误差来衡量，测定值与真值越接近，误差越小，分析结果的准确度越高。

① 测定值（x）　化学检验人员根据测定对象的性质，选用一定的分析方法测定所得的数据，即分析结果。

② 真值（μ）　某一物质本身具有的客观存在的真实数值称为真值。一般真值是未知的，用平行测定的平均值表示，但下列情况的真值可认为是已知的。

　　a．理论真值　如某化合物的理论组成等。
　　b．计量学约定真值　如国际计量大会上确定的长度、质量、物质的量单位等。
　　c．相对真值　认定精度高一个数量级的测定值作为低一级的测定值的真值，此真值是相对比较而言的，称为相对真值。如厂矿实验室中标准试样及管理试样中组分含量的标准值等可视为相对真值。

③ 平均值（$\bar{x}$）　设一组数据n次测定值分别为x_1、x_2、…、x_n，其算术平均值简称平均值（$\bar{x}$）为

$$\bar{x}=\frac{x_1+x_2+\cdots+x_n}{n}=\frac{1}{n}\sum_{i=1}^{n}x_i \tag{1-1}$$

平均值虽然不是真值，但比单次测定结果更接近于真值。因此，实际化学检验中，总是重复测定次数，然后求其平均值。

（2）误差　误差是测定值与真值间的差异，可分为绝对误差和相对误差。

① 绝对误差（E）　测定值（x）与真值（μ）之差称为绝对误差，即

$$E=x-\mu \tag{1-2}$$

【例1-1】　在同一分析天平上称取两份试样的质量分别为1.6380g和0.1637g，假定两者的真实质量分别是1.6381g和0.1638g，试计算两份试样称量的绝对误差。

解　　　　　E_1=1.6380g-1.6381g=-0.0001g
　　　　　　　E_2=0.1637g-0.1638g=-0.0001g

在此例题中，两份试样的质量相差10倍，而称量的绝对误差相同，显然无法用绝对误差判断两份试样称量准确度的高低，必须用相对误差进行评判。

② 相对误差（E_r）　绝对误差在真值中所占的百分率称为相对误差，可用下式表示：

$$E_r=\frac{E}{\mu}\times 100\% \tag{1-3}$$

上例中两份试样称量的相对误差分别为

$$E_{r1}=\frac{-0.0001g}{1.6381g}\times 100\%=-0.006\%$$

$$E_{r2}=\frac{-0.0001g}{0.1638g}\times 100\%=-0.06\%$$

可见，绝对误差相同时，当测定的量较大时，相对误差较小，其准确度较高。因此，用相对误差表示测定结果的准确度更为确切。但应注意，有时为了说明一些仪器测定的准确度，用绝对误差更清楚。例如分析天平称量的误差是±0.0001g，常量滴定管的读数误差是±0.01mL等，都是指绝对误差。

【例1-2】　在实际中，一般要求化学分析的相对误差≤0.1%，为了满足此要求，在万分之一的分析天平上称取的质量（g）至少应为多少？滴定消耗的标准溶液的体积（mL）至少应是多少？

解　分析天平称量的误差是±0.0001g，要使称量相对误差≤0.1%，则

$$\frac{0.0002g}{m}\times 100\%\leqslant 0.1\%$$

$$m\geqslant 0.2g$$

常量滴定管的读数误差是±0.01mL，要使滴定相对误差≤0.1%，则

$$\frac{0.02mL}{V}\times 100\%\leqslant 0.1\%$$

$$V\geqslant 20mL$$

在实际测定中，因为误差是客观存在的，通常要在相同条件下对同一试样多次重复测定

（即平行测定），获得一组数值不等的测定结果，试样的测定结果则用各次测定结果的平均值（$\bar{x}$）表示。此时，测定结果的绝对误差和相对误差分别用下式表示。

$$E = \bar{x} - \mu \tag{1-4}$$

$$E_r = \frac{\bar{x} - \mu}{\mu} \times 100\% \tag{1-5}$$

绝对误差和相对误差都是以真值为标准，有正值和负值，分别表示测定结果偏高和偏低。

2. 精密度与偏差

（1）精密度　化学检验中各次平行测定结果间相接近的程度称为精密度。各次平行测定结果越接近，则分析结果的精密度越高。

在实际中，有时用重复性和再现性表示不同情况下分析结果的精密度。重复性表示同一分析人员在同一条件下对同一试样平行测定所得分析结果的精密度，再现性表示不同分析人员或不同实验室之间在各自条件下对同一试样平行测定所得分析结果的精密度。

（2）偏差（d）　偏差是指个别测定值（x_i）与几次平行测定结果平均值（$\bar{x}$）的差值，用于衡量测定结果精密度的高低。几次平行测定结果越接近，偏差越小，测定结果的精密度越高；偏差越大，则测定结果精密度越低，测定结果越不可靠。与误差相似，偏差也可分为绝对偏差和相对偏差。

① 绝对偏差（d_i）　设一组 n 次测定值分别为 x_1、x_2、…、x_n，其平均值为 $\bar{x}$，则各次测定值（x_i）的绝对偏差为：

$$d_i = x_i - \bar{x} \tag{1-6}$$

② 相对偏差（d_r）　绝对偏差在平均值中所占的百分率称为相对偏差，即

$$d_r = \frac{d_i}{\bar{x}} \times 100\% \tag{1-7}$$

③ 平均偏差　在几次平行测定中，各次测定结果的偏差有正、有负或为零，通常用平均偏差表示分析结果的精密度。平均偏差分为绝对平均偏差和相对平均偏差。

a．绝对平均偏差（$\bar{d}$）　绝对平均偏差简称平均偏差，是单次测定绝对偏差绝对值的平均值，可用下式表示。

$$\bar{d} = \frac{|d_1| + |d_2| + \cdots + |d_n|}{n} = \frac{|x_1 - \bar{x}| + |x_2 - \bar{x}| + \cdots + |x_n - \bar{x}|}{n} \tag{1-8}$$

b．相对平均偏差（$\bar{d_r}$）　$\bar{d_r} = \dfrac{\bar{d}}{\bar{x}} \times 100\%$ \hfill (1-9)

3. 有效数字及其运算规则

（1）有效数字　有效数字指实际能测量到的数字，只允许数据的末位数欠准。

有效数字：所有准确数字和一位可疑数字（实际能测到的数字）

有效位数及数据中的"0"

1.0005		五位有效数字
0.5000	31.05%	四位有效数字
0.0540	1.86	三位有效数字
0.0054	0.40%	两位有效数字
0.5	0.002%	一位有效数字

（2）有效数字的表达及运算规则

① 记录一个测定值时，只保留一位可疑数据。

② 整理数据和运算中弃取多余数字时，采用"数字修约规则"：四舍六入五考虑，五后非零则进一，五后皆零视奇偶，五前为奇则进一，五前为偶则舍弃，不许连续修约。

③ 加减法 以小数点后位数最少的数据的位数为准，即取决于绝对误差最大的数据位数。

④ 乘除法 由有效数字位数最少者为准，即取决于相对误差最大的数据位数。

⑤ 对数 对数如pH、lg$K$或pK_a等对数值，有效数字仅取决于小数部分数字的位数，即有效数字位数与真数位数一致。

⑥ 常数 常数的有效数字可取无限多位。

⑦ 第一位有效数字等于或大于8时，其有效数字位数可多算一位。

⑧ 在计算过程中，可暂时多保留一位有效数字。

⑨ 误差或偏差取1～2位有效数字即可。

二、可疑数据的取舍

在分析工作中，以正常和正确的操作为前提，通过一系列平行测定所得到的数据中，有时会出现某一个数据与其他数据相差较大的现象，这样的数据是值得怀疑的，称这样的数值为可疑值。对这样一个数值是保留还是弃去，应该根据误差理论的规定，正确地取舍可疑值，取舍方法很多，如Q检验法、$4\bar{d}$法、格鲁布斯检验法等，本书介绍这前两种方法。

1. Q检验法（3～10次测定适用，且只有一个可疑数据）

（1）将各数据从小到大排列：x_1，x_2，x_3…，x_n；

（2）计算 $x_大-x_小$，即 x_n-x_1；

（3）计算 $x_可-x_邻$；

（4）计算舍弃商

$$Q_计=\frac{|x_可-x_邻|}{x_n-x_1}$$

若可疑值出现在首项，则

$$Q_计=\frac{x_2-x_1}{x_n-x_1} \text{（检验}x_1\text{）} \tag{1-10}$$

若可疑值出现在末项，则

$$Q_计=\frac{x_n-x_{n-1}}{x_n-x_1} \text{（检验}x_n\text{）} \tag{1-11}$$

（5）根据n和P查Q值表得$Q_表$

（6）比较$Q_表$与$Q_计$

若： $Q_计 \geq Q_表$ 可疑值应舍去

$Q_计 < Q_表$ 可疑值应保留

2. $4\bar{d}$检验法

用$4\bar{d}$法判断可疑值取舍时，先求出除可疑值以外的其余数据的平均值$\bar{x}$和平均偏差$\bar{d}$，再将可疑值与平均值比较，若其绝对偏差大于$4\bar{d}$，则可疑值应舍去，否则应保留。

【例1-3】 用Na_2CO_3基准物标定盐酸时，四次平行标定结果（mol/L）为：0.5050、0.5042、0.5086、0.5051，使用$4\bar{d}$法判断可疑值0.5086是否应舍去。

解 不计可疑值0.5086，其余数据的平均值和平均偏差分别为：

$$\bar{x}=0.5048, \quad \bar{d}=0.00037$$

则
$$4\bar{d}=0.00148$$

可疑值与平均值的绝对偏差为

$$|0.5086-0.5048|=0.0038>4\bar{d}$$

故数据0.5086应舍去。

用$4\bar{d}$法处理可疑数据的取舍时，存在着较大的误差，但由于方法简单，不必查表，故至今仍为人们所采用。显然，此方法只能用于处理要求不高的实验数据。

三、化学检验报告的编写

化学检验结果的数据不但能表达试样中待测组分的含量，还能反映出测量的准确度。正确地记录实验数据、书写实验报告、报告分析结果，是实验人员不可缺少的基本能力。化学检验原始记录是对检测全过程的现象、条件、数据和事实的如实记载，是化学检验工作最重要的资料之一，是保证有关数据可靠性的重要条件，所以原始记录要做到记录齐全、反映真实、表达准确、整齐清洁。

具体要求：

（1）记录要用记录本或原始记录单，不得用白纸或其他记录纸替代。

（2）原始记录要用黑色水笔书写，不得用铅笔或圆珠笔书写，也不准先用铅笔书写后再用墨水笔描写。

（3）原始记录中要写明检验日期、检验名称、检验次数、检验数据及检验人。

（4）原始记录不能随意划改，如需要更改记录错误的数据，应在作废数据下面画条形水平线，将正确的数据写在划改数据的上方，涂改后应签字盖章，不得擦、刮或改写。

 知识链接

滴定误差

滴定误差又称终点误差。滴定分析中，利用指示剂的变色来确定滴定终点，滴定终点与等当点不一致时所产生的误差，称为终点误差，它表示该滴定方法的系统误差。

从理论上讲，滴定应在到达等当点时结束，但实际上很难正好滴定到这一点，因此滴定误差总是存在的。滴定误差是容量分析误差的重要来源，是采用任何滴定方法时首先要考虑的问题。除滴定误差外，试样的称重、溶液体积的测量、指示剂的消耗等也会影响容量分析的准确度，并带来一定的误差。

影响因素：一是试样的称量，根据不同滴定分析要求的精准度，若天平的精确度不能达到指定的要求，就会造成实际重量与称量重量的误差，从而引起实际滴定终点与要求的不符合，造成后续的计算误差。二是指示剂，对一定的体系来说，终点离等当点愈近，滴定误差就愈小，因此应当根据等当点的情况来选择合适的指示剂。但是对不同的体系，等当点附近的突跃大小是不同的。终点离等当点近，滴定误差未必小；终点离等当点远，滴定误差也未必大。

项目总结

技能点
- 有效数据位数确定
- 误差分析
- 可疑数据取舍

知识点
- 误差
- 准确度与精密度
- 精密度与偏差
- 有效数据及运算法则

素质拓展

1960年，袁隆平在湖南省安江农业学校试验田中意外发现特殊性状的水稻，从这株"天然杂交稻"开始致力于杂交水稻研究，这一研究就是50多年。他提出了杂交水稻由"三系法"到"两系法"再到"一系法"的育种发展战略。1973年攻克了"三系"配套难关，成功育成了杂交水稻，1995年两系法杂交水稻研究成功，1997年开始了"中国超级杂交水稻"的研究，2013年启动了百亩示范片亩产1000公斤的超级杂交水稻第四期目标攻关，2020年在柴达木盆地始终的高寒耐盐碱水稻研究试种成功。袁隆平先生从事杂交水稻研究半个多世纪，敬业、精益、专注、创新的工匠精神在他身上淋漓尽致的表现出来。每一个从事化学分析的工作者都应该学习这样的工匠精神。

思考题

（1）解释下列名词术语：误差、偏差、准确度、精密度。

（2）如果要求分析误差小于0.1%，问应至少称取试样多少克？滴定时所用溶液体积至少应为多少毫升？

（3）下列数据含几位有效数字？

① 6.0×10^7　　　　② 1000

③ 0.4048　　　　　　④ pH=6.28

⑤ 0.00501　　　　　⑥ 28.17%

项目二 滴定分析仪器的使用

项目导入

滴定分析中使用的仪器除一般的玻璃器皿如锥形瓶、烧杯、量筒等以外，还必须有滴定管、移液管（吸量管）、容量瓶、电子分析天平等准确测量体积、质量的仪器。滴定分析是根据滴定时消耗的标准溶液的体积及其准确浓度来计算分析结果，分析工作中用电子分析天平准确地称量物质的质量，用滴定管、容量瓶、移液管（吸量管）等准确测量溶液体积，称量及测量容积的准确度直接影响测定结果的准确度。正确使用滴定管、容量瓶、移液管和电子天平，是滴定分析中最重要的基本操作。

学习目标

（1）能熟练操作使用滴定管。
（2）能熟练操作使用容量瓶。
（3）能熟练操作使用移液管。
（4）能熟练操作使用电子分析天平。

工作任务

（1）滴定分析仪器滴定管的基本操作。
（2）滴定分析仪器容量瓶的基本操作。
（3）滴定分析仪器移液管的基本操作。
（4）滴定分析仪器电子分析天平的基本操作。

任务活动过程

任务简介

滴定管是滴定时用于准确测量放出滴定溶液体积的"量出"式玻璃量器，滴定分析中所使用的滴定管必须符合GB/T 12805—2011的要求。在常量分析中，消耗的标准溶液体积在

30～40mL之间，故一般选择50mL的滴定管。

容量瓶是一种颈细长有精确体积刻度线的具塞玻璃容器，在滴定分析中，容量瓶主要用来配制准确浓度溶液或定量地稀释溶液，常和分析天平、移液管配合使用。滴定分析中所使用的容量瓶必须符合GB/T 12806—2011规定的要求。

移液管是在滴定分析中用于准确量取一定体积溶液（如25.00mL）的"量出"式玻璃量器。滴定分析中所使用的移液管必须符合GB/T 12807—91规定要求。

分析工作中常要准确地称取物质的质量，称量的准确度直接影响测定结果的准确度。电子分析天平是定量分析中最常用的准确称量质量的仪器。正确熟练使用电子分析天平是分析人员需具备的基本技能，也是分析工作的根本保证。

任务目标

（1）正确、熟练地进行滴定管试漏、洗涤、装液、赶气泡、滴定操作。
（2）正确、熟练地进行容量瓶试漏、洗涤、使用操作。
（3）正确、熟练地进行移液管洗涤、润洗、移液、放液操作。
（4）正确、熟练地进行电子分析天平使用操作。
（5）正确、熟练地进行减量法称取固体、液体试剂操作。

任务准备

试剂与仪器

1. 试剂

稀盐酸（0.01mol/L）、待测稀碱液、固体（液体）称量练习基准试剂、溴甲酚绿-甲基红混合指示剂（三份2g/L的溴甲酚绿乙醇溶液与两份1g/L的甲基红乙醇溶液混合）、铬酸洗液等。

2. 仪器

聚四氟乙烯滴定管、100mL小烧杯、250mL锥形瓶、250mL容量瓶、25mL移液管、10mL量筒、50mL量筒、500mL试剂瓶、加热电炉、不同规格称量瓶、电子分析天平等。

内容

任务一　滴定管的使用

滴定管是滴定分析时用于准确测量放出滴定溶液体积的玻璃量器。

滴定管的管壁上有刻度线和数值，最小刻度为0.1mL，"0"刻度在上，自上而下数值由小到大。图2-1为聚四氟乙烯酸碱通用滴定管。

一、滴定管的准备

1. 试漏

先调试滴定管旋塞的合适松紧（图2-2），再将滴定管用蒸馏水充满至"0"刻度线（图2-3），然后垂直夹在滴定管架上，用滤纸将滴定管外壁擦干（图2-4），静置1min，观察液面是否下降，检查管尖及旋塞有无水渗出（图2-5、图2-6）。

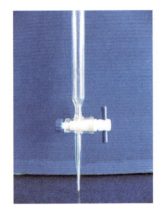  

图2-1　聚四氟乙烯酸碱通用滴定管

图2-2　调试滴定管旋塞的合适松紧　　　　　图2-3　用蒸馏水充满至"0"刻度线

图2-4　用滤纸将滴定管外壁擦干　　　　　图2-5　用滤纸擦拭滴定管旋塞处，观察是否渗水

然后将旋塞转动180°，重新调液面至"0"刻线，静置1min，重新检查（见图2-7～图2-10）。若前后两次均无水渗出，旋塞转动也灵活，即可使用。

图2-6　静置1min后，观察液面是否下降

图2-7　将旋塞转动180°

图2-8　重新调液面至"0"刻线

图2-9　重新检查旋塞处是否渗水

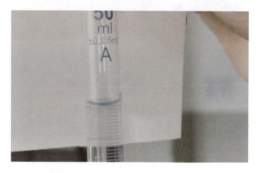

图2-10　再次观察液面是否下降

2. 涂油

给旋塞涂凡士林（起密封和润滑的作用）。将管中的水倒掉，平放在台上，把旋塞取出，用滤纸将旋塞和塞槽内的水吸干。用手指蘸少许凡士林，在旋塞芯两头薄薄地涂上一层（导管处不涂凡士林），然后把旋塞插入塞槽内，旋转几次，使油膜在旋塞内均匀透明，且旋塞转动灵活（见图2-11）。若使用聚四氟乙烯滴定管则不需涂抹凡士林。

图2-11　酸式滴定管抹凡士林

3. 洗涤

若滴定管无明显污垢可直接用自来水冲洗。一般污垢可用肥皂水或洗涤剂冲洗，若较脏而又不易洗净时，则用铬酸洗液浸泡洗涤。装入铬酸洗液10～15mL，先从下端放出少许，然后用双手平托滴定管的两端，不断转动滴定管，使洗液润洗滴定管整个内壁，操作时管口对准洗液瓶口，以防洗液外流，洗完后将洗液分别从上口和出口倒回原瓶。再用自来水洗净，含洗液的废水倒入废液缸，再用蒸馏水洗涤三次（见图2-12～图2-15）。

图2-12　将适量铬酸小心倒入滴定管中

图2-13　双手平托转动滴定管

图2-14　用自来水清洗2～3次

图2-15　用蒸馏水清洗2～3次

4. 装液和赶气泡

为避免操作溶液浓度发生变化，装入溶液前应先用待装溶液润洗滴定管三次（图2-16）。润洗方法是：向滴定管中加入10～15mL已完全混匀的待装溶液，先从滴定管下端放出少许，然后双手平托滴定管的两端，注意把住旋塞，慢慢转动滴定管，使溶液润洗滴定管整个内壁（图2-17），最后将溶液全部从上口放出至废液缸，重复三次。润洗完成后，将操作溶液直接小心倒入滴定管中，不得用其他容器（如烧杯、漏斗等）转移溶液。倒入操作时左手前三指持滴定管上部无刻度处，稍微倾斜，右手拿住试剂瓶往滴定管中倒溶液，注意标签向手心，让溶液慢慢沿滴定管内壁流下，装入溶液至"0"刻度线以上。

图2-16　用待装溶液润洗滴定管三次

图2-17　双手平托慢慢转动滴定管润洗

滴定管内装入标准溶液（图2-18）后要检查尖嘴内是否有气泡。如有气泡，将影响溶液体积的准确测量。排除气泡的方法是：用右手拿住滴定管无刻度部分使其倾斜约30°角，左手迅速打开旋塞，使溶液快速冲出，将气泡带走（图2-19）。

图2-18 装液

图2-19 倾斜滴定管排气泡

二、滴定管的使用

1. 调零

排除气泡后，装入溶液至"0"刻度以上5cm左右，不可过高，放置1min，慢慢打开旋塞使溶液液面慢慢下降，调节液面处于0.00mL处（图2-20），将滴定管夹在滴定管架上，滴定之前再复合一下零点。用干净烧杯靠去管尖悬液（图2-21）。

图2-20 调零

图2-21 干净烧杯靠去管尖悬液

2. 滴定操作

进行滴定操作时，应将滴定管夹在滴定管架上。左手控制旋塞，大拇指在管前，食指和中指在后，三指轻拿旋塞柄，手指略微弯曲，向内扣住旋塞（图2-22），避免产生使旋塞拉出的力。向里旋转旋塞使溶液滴出。滴定管应插入锥形瓶口1～2cm，右手持瓶，使瓶内溶液顺时针不断旋转（图2-23）。掌握好滴定速度（连续滴加，逐滴滴加，半滴滴加），终点前用洗瓶冲洗瓶壁，再继续滴定至终点。

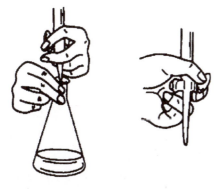

图2-22 滴定操作两手动作

图2-23 滴定操作

3. 读数

装满或放出溶液后，必须等1～2min，使附着在内壁的溶液流下后，将滴定管从滴定管架上取下，用右手大拇指和食指捏住滴定管上部无刻度处，其他手指从旁辅助，使滴定管保持自然竖直，视线与液面弯月面下缘实线相切，然后再读数、记录数据（见图2-24～图2-27）。

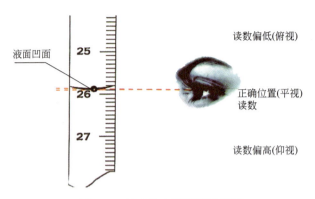

图2-24 滴定终点正确读数视线

图2-25 读取溶液温度

图2-26 读数方法

滴定管使用完后，应洗净打开旋塞倒置于滴定管架上。

进行滴定操作时，应注意以下几点：

（1）每次滴定最好都从0.00mL开始，这样可以减少体积误差。

（2）摇瓶时，应微动腕关节，使溶液向同一方向作圆周运动，但瓶口不要接触滴定管，并使溶液旋转出现一旋涡，因此，要求有一定速度，不能摇得太快，影响化学反应进行，不能前后振动，以免溶液溅出。

图2-27 记录下终点体积读数

（3）滴定时左手不能离开旋塞任溶液自行流下。

（4）滴定时要注意观察滴落点周围的颜色变化。不要去看滴定管上的刻度变化，而不顾滴定反应的进行。

（5）滴定速度的控制。一般在滴定开始时，滴定速度可以稍快，3～4滴/s，呈"见滴成线"，但不要滴成水线，接近终点时，应改为一滴一滴加入，每加一滴摇几下，最后每加半滴就摇几下锥形瓶，用蒸馏水吹洗锥形瓶口，直至溶液出现明显的颜色变化为止，一般

30s内不再变色即达到滴定终点。

（6）终点：最后一滴刚好使指示剂颜色发生明显的改变而且30s内不恢复原色。

滴定结束后，滴定管内剩余的溶液应倒入废液缸弃去，不得倒回原试剂瓶中，随即洗净滴定管，倒置在滴定管架上。

任务二　容量瓶的使用

容量瓶在滴定分析中用于准确确定溶液的体积，如直接法配制一定体积准确浓度的标准溶液和准确稀释某一浓度的溶液。各种不同规格容量瓶见图2-28。

图2-28　各种不同规格容量瓶

一、试漏

容量瓶的试漏操作步骤见图2-29～图2-36。

图2-29　装水至超过刻线1cm左右

图2-30　塞紧瓶塞，用滤纸擦干瓶口

图2-31　倒立容量瓶

图2-32　用滤纸擦拭观察容量瓶是否漏水

用右手食指顶住瓶塞，另一只手五指托住容量瓶底，将其倒立1min（瓶口朝下）

图2-33　若不漏水，将瓶正立且将瓶塞旋转180°

图2-34　擦干瓶口渗水

图2-35　再次倒立30s

图2-36　再次用滤纸擦拭观察是否漏水

若两次操作，容量瓶瓶塞周围皆无水漏出，即表明容量瓶不漏水。经检查不漏水的容量瓶才能使用。

二、洗涤

可用合成洗涤剂浸泡或洗液浸洗。用铬酸洗液浸洗时，先倒出容量瓶中的水，倒入10～20mL铬酸洗液（图2-37），转动容量瓶使洗液布满全部内壁（图2-38），然后放置数分钟，将洗液倒回原瓶（图2-39）。再依次用自来水、蒸馏水洗净（图2-40、图2-41），注意第一次用自来水冲洗的废液，铬酸浓度仍很大，腐蚀性仍很强，应倒入盛废液的塑料桶中。洗净的容量瓶内壁应均匀润湿，不挂水珠，否则必须重洗。洗净后盖上塞子备用，见图2-42。

三、容量瓶使用

容量瓶的使用步骤见图2-43～图2-53。

图2-37 小心倒入适量铬酸洗液

图2-38 旋转使铬酸洗液涂满整个容量瓶

图2-39 使用后铬酸洗液倒回原瓶

图2-40 自来水洗涤干净

图2-41 蒸馏水冲洗三次

图2-42 盖上塞子备用

图2-43 待转移固体在烧杯中溶解

烧杯嘴紧靠玻璃棒，离容量瓶口约1cm

玻璃棒前端位置

图2-44 玻璃棒引流转移

任务二 容量瓶的使用 17

图2-45 洗涤烧杯玻璃棒，洗液一并转移

图2-46 容量至3/4体积后平摇容量瓶

图2-47 离刻度1cm左右静止1min

图2-48 胶头滴管定容

图2-49 滤纸擦干瓶口及瓶塞

图2-50 盖塞上下颠倒摇匀10次

图2-51 提盖旋转180°

图2-52 盖紧再次上下颠倒摇匀5次

图2-53 静止放置备用

任务三　移液管的使用

一、吸量管、移液管种类

不同规格吸量管、移液管见图2-54、图2-55。移液管胖肚部分标注见图2-56。

图2-54　不同规格吸量管

图2-55　不同规格移液管

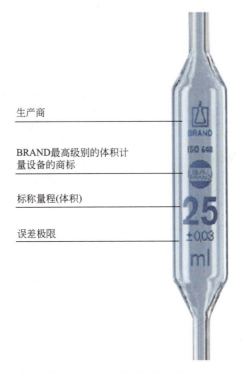

图2-56　移液管胖肚部分标注

二、移液管洗涤

1. 铬酸洗液洗涤

铬酸洗液洗涤移液管的操作步骤见图2-57～图2-60。

图2-57　吸铬酸洗液（球部1/3量）

图2-58　充分润洗移液管内壁

图2-59　铬酸洗液小心放回烧杯中

图2-60　移液管架上放置数分钟

2. 自来水、蒸馏水清洗

自来水、蒸馏水清洗移液管的操作见图2-61～图2-63。

图2-61　自来水清洗

图2-62　蒸馏水清洗

3. 待装溶液润洗

用待吸溶液润洗三次，每次润洗前都要用滤纸将移液管尖端内外的液体吸干。为避免移液管管壁及管尖残留的水进入所要移取的溶液中，使溶液浓度发生改变，润洗与移液操作均在洁净小烧杯中进行（图2-64、图2-65）。

4. 移液

用右手的拇指和中指拿住移液管标线以上部分，将移液管插入待吸溶液液面下1～2cm处。

图2-63　滤纸吸干移液管尖端蒸馏水

管尖不应伸入太浅，以免液面下降后造成吸空；也不应伸入太深，以免触底。吸液时，应注意烧杯中液面和管尖的位置，应使管尖随液面下降而下降，始终保持1～2cm的深度。当

图2-64 将待吸溶液倒入洁净小烧杯

图2-65 移液管与小烧杯联动润洗

液面上升至标线以上约1cm时,迅速移去洗耳球,并用右手食指堵住管口,将移液管移出液面,再用滤纸擦干移液管外壁沾附的少量溶液。左手取另一干净小烧杯倾斜约30°,将移液管尖端紧靠烧杯内壁,移液管保持竖直,微微松动食指调节液面使弯月面与标线相切,立即将食指按紧管口,使溶液不再流出(见图2-66～图2-71)。

图2-66 将待吸溶液倒入润洗后小烧杯

图2-67 将移液管插入待吸液液面下1～2cm

图2-68 吸液

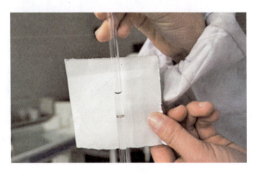

图2-69 吸液至刻线以上约1cm

图2-70 擦干外壁

图2-71 食指堵住管口,拇指和中指拿住移液管调刻线

任务三 移液管的使用

5. 放液

将接收容器倾斜约30°，移液管尖端紧贴接收容器内壁，移液管保持竖直，松开右手食指，使溶液自然顺壁流下，待液面下降到管尖后，移液管尖端紧贴内壁轻轻转动等待15s左右，移出移液管（图2-72）。

图2-72　放液姿势

任务四　电子分析天平的使用

一、电子分析天平结构和性能

电子分析天平一般结构见图2-73。

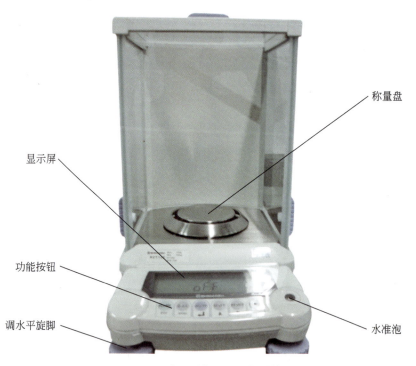

图2-73　电子分析天平一般结构

二、电子分析天平操作步骤

电子分析天平操作按钮见图2-74。

1. 准备

检查天平水平，水准气泡在中心位置（图2-75）；做好天平内外清洁工作（图2-76）。

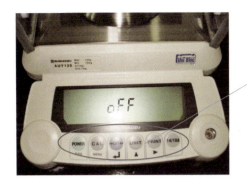

图2-74　电子分析天平操作按钮

图2-75　调水平

图2-76　清扫

2. 开机预热

连接电源设备预热至少1h，见图2-77。

3. 调整灵敏度

调整灵敏度步骤见图2-77～图2-84。

图2-77　天平开机

图2-78　长按校正按钮进入校正界面

图2-79　按确定键进入校正模式

图2-80　系统校零自动进行中

图2-81 显示加载砝码值加入与闪烁值同等的砝码

图2-82 零显示闪烁移走砝码

图2-83 校正完毕

图2-84 验证砝码重量

4. 称量

按下显示屏开关,待显示稳定的零点(图2-85)后,将物品放到秤盘上,关上防风门。显示稳定后可读数(图2-86),操作时可按相关按键以实现去皮等称量功能。

图2-85 开机稳定读数

图2-86 称量记录读数

5. 称量结束

称量结束后,拿出天平内称量物体,待复零后关闭电源(图2-87),做好天平内外清洁工作(图2-88)。盖上天平罩,登记天平使用情况(图2-89),复位。

图2-87 关机

图2-88 再次清扫

三、固、液体试样的称量

减量法称取分析试样是最常用的称量方法,又称递减称量法,即称取试样的质量由两次称量之差而求得,该方法简便、快速,适用于一般的颗粒物、粉末状及液态样品的称量,尤其对于易吸湿、易氧化、易与空气中CO_2反应的样品宜用减量法称量。操作方法如下。

图2-89　登记

1. 固体试样称量

固体待称样品盛放于干燥洁净的称量瓶中,称量瓶置于干燥器中保存。用清洁的纸叠成约1cm宽的纸条套住称量瓶中部取出称量瓶(或戴细纱手套拿取)(图2-90),放置于分析天平正中央,准确称量并记录读数(图2-91)。称量完毕,取出称量瓶关上天平门(图2-92、图2-93)

图2-90　用纸条套住取出称量瓶

图2-91　放置于分析天平正中央

图2-92　用纸条套住取出天平内称量瓶

图2-93　随手关上天平门

用约$2cm^2$的小纸片裹住盖子手捏处,在接受容器上方约1cm处,慢慢倾斜瓶身,打开瓶盖但不要使瓶盖离开接受容器上方,用瓶盖轻敲瓶口的上沿或右上方边沿(见图2-94),同时微微转动称量瓶使样品缓缓落入容器内。估计倾出的样品接近需要的质量时,再边敲瓶口边将瓶身扶正(见图2-95),盖好瓶盖后方可离开容器的上方。

图2-94　敲样姿势

图2-95　回敲姿势

右手轻轻打开天平左侧门，将称量瓶再次放入天平正中央，准确称量，记录倾样后称量瓶质量（见图2-96、图2-97）。

图2-96　倾样后再次称量

图2-97　记录质量

注意：如果一次倾出的样品质量不到所需量，可再次倾出样品，直到倾出的样品质量符合要求。

2．液体试样称量

称量操作步骤与固体试样操作相同。具体操作步骤见图2-98～图2-102。

图2-98　将液体试样瓶用滤纸擦干

图2-99　放入分析天平正中央，记录称量前质量

图2-100　拿取时用纸条裹住瓶身，纸片裹住胶帽

图2-101　在接受容器上方将试样逐滴加入接受容器内

图2-102　称量、记录

称取所需质量后，再次记录下液体试样瓶质量，两者相减即为所称取液体试样质量

注意：液体样品的准确称量比较麻烦，根据样品的性质有多种称量方法。性质比较稳定、不易挥发的样品可装在干燥的小滴瓶中用减量法称量，最好预先粗测每滴样品的大致质量；较易挥发的样品可用增量法称取；易挥发或水作用强烈的样品需要采取特殊的办法进行称量。

知识链接

一、滴定分析方法

滴定分析法又称容量分析法，它是用滴定管将已知准确浓度的标准滴定溶液（也称滴定剂）滴加到一定量的待测物质溶液中，直至两者按确定的化学计量关系恰好反应完全为止，根据滴定消耗标准滴定溶液的体积和浓度、滴定反应的化学计量关系，计算待测物质含量的分析方法。滴定操作见图2-103，标准滴定溶液、指示剂见图2-104。

图2-103 滴定操作

图2-104 标准滴定溶液、指示剂

1. 方法分类

根据标准溶液和待测组分间的反应类型的不同，分为以下四类。

（1）酸碱滴定法 以酸碱中和反应为基础的滴定分析方法。

反应实质： $H^+ + OH^- \rightleftharpoons H_2O$

（2）配位滴定法 以配位反应为基础的滴定分析方法，也称配位反应。

$Mg^{2+} + Y^{4-} \rightleftharpoons MgY^{2-}$ （产物为配合物或配合离子）

$Ag^+ + 2CN^- \rightleftharpoons [Ag(CN)_2]^-$

（3）氧化还原滴定法 以氧化还原反应为基础的一种滴定分析方法。

$Cr_2O_7^{2-} + 6Fe^{2+} + 14H^+ \rightleftharpoons 2Cr^{3+} + 6Fe^{3+} + 7H_2O$

$I_2 + 2S_2O_3^{2-} \rightleftharpoons 2I^- + S_4O_6^{2-}$

（4）沉淀滴定法 以沉淀反应为基础的一种滴定分析方法。

$Ag^+ + Cl^- \rightleftharpoons AgCl\downarrow$ （白色）

2. 对滴定反应的要求

（1）反应要按一定的化学方程式进行，即有确定的化学计量关系；

（2）反应必须定量进行——反应接近完全（>99.9%）；

（3）反应速率要快——有时可通过加热或加入催化剂方法来加快反应速率；

（4）必须有适当的方法确定滴定终点——简便可靠的方法：合适的指示剂。

3. 滴定分析术语

（1）标准溶液 标准溶液为已知准确浓度的试剂溶液。

（2）标准滴定溶液 标准滴定溶液为已知准确浓度且用于滴定的试剂溶液，又称滴定剂。

（3）滴定 滴定是用滴定管将标准滴定溶液滴加到待测物质溶液中的过程。

（4）滴定反应 在滴定中，标准滴定溶液与待测物质的反应称为滴定反应。

（5）化学计量点 化学计量点是标准滴定溶液与待测物质恰好定量反应完全的一点。

（6）指示剂 在滴定中，通常加入一种辅助试剂，利用其在化学计量点附近颜色的突变来判断化学计量点的到达，此辅助试剂即为指示剂。

（7）滴定终点　在滴定过程中，指示剂颜色（或电位）发生突变即停止滴定的一点称为滴定终点。

（8）滴定误差　滴定终点与化学计量点常常不一致，由此而产生的误差为滴定误差，又称终点误差。终点误差属于方法误差和操作误差，为了减小终点误差，必须选用合适的指示剂，使滴定终点与化学计量点尽可能接近，并能正确判断指示剂颜色的突变，准确确定滴定终点。

二、基准物质

能用于直接配制标准溶液的物质或标定标准溶液准确浓度的物质称基准物质，基准物质必须具备以下条件：

（1）组成与化学式严格相符。若含结晶水，其结晶水的实际含量也应与化学式严格相符，如硼砂 $Na_2B_4O_7 \cdot 10H_2O$。

（2）纯度足够高，一般要求纯度≥99.9%。

（3）性质稳定，见光不分解，不吸潮，不变质等。

（4）参加反应时，按反应式定量进行反应，不发生副反应。

（5）摩尔质量较大，以减少称量误差。

（6）易溶解。

常用的基准物质有纯金属和纯化合物等。基准物质在贮存中会吸潮，吸收二氧化碳，因此用前必须经过烘干或灼烧处理。滴定分析中常用基准物质的干燥条件及应用见附录二。

三、滴定方式

在进行滴定分析时，滴定的方式主要有如下几种。

1. 直接滴定法

凡能满足滴定分析要求的反应都可用标准滴定溶液直接滴定被测物质。例如用 NaOH 标准滴定溶液可直接滴定 HAc、HCl、H_2SO_4 等试样；用 $KMnO_4$ 标准滴定溶液可直接滴定 $C_2O_4^{2-}$ 等。直接滴定法是最常用和最基本的滴定方式，简便、快速，引入的误差较少。

如果反应不能完全符合上述要求时，则可选择采用下述方式进行滴定。

2. 返滴定法

返滴定法（又称回滴法）是在待测试液中准确加入适当过量的标准溶液，待反应完全后，再用另一种标准溶液返滴剩余的第一种标准溶液，从而测定待测组分的含量。这种滴定方式主要用于滴定反应速率较慢或反应物是固体，加入符合计量关系的标准滴定溶液后，反应常常不能立即完成的情况。例如，Al^{3+} 与 EDTA（一种配位剂）溶液反应速率慢，不能直接滴定，可采用返滴定法。即在一定的 pH 条件下，于待测的 Al^{3+} 试液中加入过量的 EDTA 溶液，加热促使反应完全。然后再用另外的标准锌溶液返滴剩余的 EDTA 溶液，从而计算出试样中铝的含量。

有时返滴定法也可用于没有合适指示剂的情况，如用 $AgNO_3$ 标准溶液滴定 Cl^-，缺乏合适指示剂。此时，可加入一定量过量的 $AgNO_3$ 标准溶液使 Cl^- 沉淀完全，再用 NH_4SCN 标准滴定溶液返滴过量的 Ag^+，以 Fe^{3+} 为指示剂，出现 $[Fe(SCN)]^{2+}$ 淡红色为终点。

3. 置换滴定法

置换滴定法是先加入适当的试剂与待测组分定量反应，生成另一种可滴定的物质，再利用标准溶液滴定反应产物，然后由滴定剂的消耗量、反应生成的物质与待测组分等物质的量的关系计算出待测组分的含量。这种滴定方式主要用于因滴定反应没有定量关系或伴有副反应而无法直接滴定的测定。例如，用 $K_2Cr_2O_7$ 标定 $Na_2S_2O_3$ 溶液的浓度时，就是以一定量的 $K_2Cr_2O_7$ 在酸性溶液中与过量的 KI 作用，析出相当量的 I_2，以淀粉为指示剂，用 $Na_2S_2O_3$ 溶液滴定析出的 I_2，进而求得 $Na_2S_2O_3$ 溶液的浓度。

4. 间接滴定法

某些待测组分不能直接与滴定剂反应，但可通过其它的化学反应，间接测定其含量。例如，溶液中 Ca^{2+} 几乎不发生氧化还原反应，但利用它与 $C_2O_4^{2-}$ 作用形成 CaC_2O_4 沉淀，过滤洗净后，加入 H_2SO_4 使其溶解，用 $KMnO_4$ 标准滴定溶液滴定 $C_2O_4^{2-}$，就可间接测定 Ca^{2+} 含量。

项目总结

技能点
- 电子分析天平的使用
- 减量法称量固体试剂、液体试剂
- 滴定管的使用
- 容量瓶的使用
- 移液管的使用

知识点
- 滴定管读数
- 容量瓶稀释定容操作

素质拓展

20世纪初，物理化学溶液理论的发展为分析技术提供了理论基础，形成了酸碱、配位、沉淀、氧化还原"四大平衡"理论，使分析化学由一门技术逐渐成为一门科学。

20世纪40～60年代，物理学和电子学的进步展促进了分析中物理方法的发展。

20世纪70年代末到现在，信息技术的迅速发展，打破化学与其他学科的界限，吸收当代科学技术的最高成就，正逐步成长为一门综合性的边缘科学。

思考题

（1）什么叫滴定分析？它的主要方法有哪些？
（2）滴定分析法的滴定方式有哪几种？
（3）什么叫基准物质？基准物质应具备哪些条件？
（4）标定标准溶液的方法有几种？各有何优缺点？
（5）化学计量点、指示剂变色点、滴定终点有何联系？又有何区别？
（6）什么是滴定误差？其产生的原因主要有哪些？

项目三　盐酸标准溶液的配制与标定

项目导入

酸碱中和滴定技术是化学分析中的一类重要分析技术。酸碱中和滴定，是用已知物质的量浓度的酸（或碱）来测定未知物质的量浓度的碱（或酸）的方法。实验中甲基橙、甲基红、酚酞等做酸碱指示剂来判断是否完全中和。利用酸碱滴定分析方法，结合多种滴定分析方式及计算方法，进行分析测定，可以解决在酸碱滴定分析领域中所遇到的如酸碱标准溶液的浓度、各种物质的含量测定等问题。酸碱中和滴定技术是最基本的化学分析实验技术。

学习目标

（1）能进行标准溶液的配制并标定。
（2）会正确选择使用指示剂，能熟练控制、准确判断滴定终点。
（3）能设计实验方案，联系实际解决中和滴定问题。
（4）能在实验中采取必要的安全防护措施，注意保护环境。
（5）在实验过程中培养学生严谨的科学态度，激发学生的学习热情。

工作任务

（1）标准溶液的配制及标定。
（2）用酸碱中和滴定方法解决实际问题。
（3）数据处理。

任务活动过程

任务简介

HCl标准溶液是常用的酸标准溶液。浓HCl含量约为37%，具有挥发性。使用时需用水稀释至近似所需浓度的溶液，再用基准物质标定。配制时可先根据欲配制HCl溶液的浓度和体积，计算并量取一定量的浓HCl，加水稀释。标定HCl（依据GB/T 601—2016）常用基准物是无水Na_2CO_3，溶解后以溴甲酚绿-甲基红作为指示剂，用配制好的盐酸直接滴定至溶液由绿色变成暗红色，煮沸2min，冷却后继续滴定至溶液呈暗红色即为终点。

反应方程式：$2HCl + Na_2CO_3 = 2NaCl + CO_2\uparrow + H_2O$

任务目标

（1）独立操作0.1mol/L盐酸标准溶液的配制。
（2）能用无水Na_2CO_3为基准物标定盐酸溶液的方法，完成盐酸溶液标定操作、计算。
（3）独立完成滴定操作、减量法称量操作，判断溴甲酚绿-甲基红混合指示剂滴定终点。
（4）解释酸碱中和滴定操作原理。

任务准备

试剂与仪器

1. 试剂

浓盐酸（1.19g/mL）、基准无水Na_2CO_3（于270～300℃灼烧至恒重）、溴甲酚绿-甲基红混合指示剂：三份2g/L的溴甲酚绿乙醇溶液与两份1g/L的甲基红乙醇溶液混合。

2. 仪器

聚四氟乙烯滴定管、250mL锥形瓶、10mL量筒、50mL量筒、500mL试剂瓶、称量瓶、电子分析天平、加热电炉。

内 容

任务一　盐酸标准溶液的配制

一、液体溶液的配制、计算

1. 物质的量浓度

单位体积溶液中所含溶质的物质的量叫做溶质的物质的量浓度，简称浓度，用符号c表示，单位mol/L。

$$物质的量浓度 = \frac{溶质的物质的量}{溶液体积}$$

即
$$c = \frac{n}{V} \tag{3-1}$$

如：在1LNaCl溶液中含有0.1molNaCl，那么，该NaCl溶液的物质的量浓度就为0.1mol/L。

2. 质量分数与物质的量浓度之间的换算

同一种溶液，其浓度可以用质量分数（w）和物质的量浓度（c）来表示。二者之间可通过密度（ρ）来进行换算。

设某溶液体积为1L（即1000mL），质量分数为w，物质的量浓度为c，溶液的密度为ρ（常用单位g/mL），溶质的摩尔质量为M，那么，用质量分数和物质的量浓度两种方法表示溶液的组成时，1L溶液中所含溶质的质量是相等的，可得：

$$1000\text{mL} \times \rho w = c \times 1\text{L} \times M$$

$$c = \frac{1000\text{mL/L} \times \rho w}{M} \tag{3-2}$$

【**例3-1**】 质量分数为0.37、密度为1.19g/mL的盐酸溶液，其物质的量浓度为多少？

解 已知盐酸溶液的$w=0.37$，$\rho=1.19$g/mL，M（HCl）$=36.5$g/mol，根据式（3-2）有：

$$c(\text{HCl}) = \frac{1000\text{mL/L} \times \rho w}{M(\text{HCl})} = \frac{1000\text{mL/L} \times 1.19\text{g/mL} \times 0.37}{36.5\text{g/mol}} = 12.06\text{mol/L}$$

答：该盐酸的物质的量浓度为12.06mol/L。

3. 有关溶液稀释的计算

在溶液中加入溶剂后，溶液的体积增大而浓度减小的过程，叫做溶液的稀释。溶液稀释前后，溶液的质量、体积和浓度发生了变化，但溶质的物质的量保持不变。即稀释前溶质的物质的量n_1=稀释后溶质的物质的量n_2。

稀释前溶质的物质的量$n_1=c_1V_1$，稀释后溶质的物质的量$n_2=c_2V_2$。溶液稀释的关系式为：

$$c_1V_1 = c_2V_2 \tag{3-3}$$

注意：用上述关系式时，c_1、V_1、c_2、V_2必须采用同一单位。

【**例3-2**】 计算配制0.1mol/L的H_2SO_4溶液500mL，需质量分数为98%，密度为1.84g/mL的浓H_2SO_4溶液多少毫升？

解 稀释前浓硫酸的质量分数$w=0.98$、$\rho=1.84$g/mL，M（H_2SO_4）$=98$g/mol，则：

$$c(\text{浓}H_2SO_4) = \frac{1000\text{mL/L} \times \rho w}{M} = \frac{1000\text{mL/L} \times 1.84\text{g/mL} \times 0.98}{98\text{g/mol}} = 18.4\text{mol/L}$$

由溶液稀释的关系式$c_1V_1=c_2V_2$得：

$$V_1 = \frac{c_2V_2}{c_1} = \frac{0.1\text{mol/L} \times 500\text{mL}}{18.4\text{mol/L}} = 2.7\text{mL}$$

答：需要质量分数为98%，密度为1.84g/mL的浓H_2SO_4溶液2.7mL。

二、盐酸标准溶液的配制

1. 计算浓盐酸体积

用质量分数为0.37、密度为1.19g/mL的浓盐酸配制0.1mol/L HCl溶液500mL。

计算：$c(\text{浓HCl}) = \dfrac{1000\text{mL/L} \times \rho w}{M} = \dfrac{1000\text{mL/L} \times 1.19\text{g/mL} \times 0.37}{36.5\text{g/mol}} = 12.06\text{mol/L}$

由溶液稀释的关系式$c_1V_1=c_2V_2$得：

$$V_1 = \frac{c_2V_2}{c_1} = \frac{0.1\text{mol/L} \times 500\text{mL}}{12.06\text{mol/L}} = 4.12\text{mL}$$

2. 配制 c（HCl）=0.1mol/L 盐酸溶液 500mL

用洁净小量筒量取计算得浓盐酸4.5mL（比计算值略大些），小心倒入已有200mL蒸馏水的500mL大烧杯中，搅拌均匀，再稀释至500mL。转入试剂瓶中，盖好瓶塞，摇匀并贴上标签，待标定（见图3-1）。

图3-1　待标定盐酸标准溶液

任务二　盐酸标准溶液的标定

一、滴定管准备

滴定管试漏 ⟶ 洗涤 ⟶ 装液、赶气泡 ⟶ 调零 ⟶ 置于滴定管架上备用

二、称量标定盐酸标准溶液基准物碳酸钠

用减量法在电子分析天平上称取 $0.2×(1±5\%)$ g于270～300℃灼烧至恒重的无水碳酸钠基准物质于洁净锥形瓶中，称准至0.0001 g（见图3-2～图3-5）。

图3-2　干燥器中基准物碳酸钠

图3-3　基准物碳酸钠拿取

图3-4　减量法称取基准物碳酸钠

图3-5　记录称量前后质量

三、溶解、标定

加入50mL蒸馏水溶解,加入10滴溴甲酚绿-甲基红混合指示剂,用盐酸标准溶液滴定至溶液由绿色变成暗红色,煮沸2min,冷却后继续滴定至溶液再呈暗红色,30s后准确读数并记录消耗盐酸标准溶液体积,平行测定4次,同时做空白实验(见图3-6~图3-12)。

图3-6　加入50mL蒸馏水溶解

图3-7　加入10滴溴甲酚绿-甲基红混合指示剂

图3-8　用盐酸标准溶液滴定

图3-9　由绿色变成暗红色时煮沸2min

图3-10　水浴冷却

图3-11　少量蒸馏水冲洗锥形瓶内壁

图3-12　继续滴定至溶液再呈暗红色即为终点

四、读数、记录

读数、记录见图3-13、图3-14。

图3-13 滴定终点读数

图3-14 记录终点体积

五、结果及计算

盐酸标准滴定溶液的浓度c（HCl），单位为mol/L，按下面公式计算：

$$c(\text{HCl}) = \frac{m \times 1000}{(V_1 - V_0) M\left(\frac{1}{2}\text{Na}_2\text{CO}_3\right)} \quad (3\text{-}4)$$

式中　　　m——无水碳酸钠基准物质的质量，g；

V_1——实际消耗盐酸溶液的体积，mL；

V_0——空白实验消耗盐酸溶液的体积，mL；

$M\left(\frac{1}{2}\text{Na}_2\text{CO}_3\right)$——$\frac{1}{2}\text{Na}_2\text{CO}_3$的摩尔质量，52.994g/mol。

盐酸标准滴定溶液标定数据见表3-1。

表3-1　盐酸标准滴定溶液标定数据

分析日期：　　年　　月　　日　　　　姓名

项目		测定次数	1	2	3	4
基准物称量	m（倾样前）/g					
	m（倾样后）/g					
	m（Na$_2$CO$_3$）/g					
滴定管初读数/mL						
滴定管终读数/mL						
滴定时实际消耗盐酸溶液体积V_1/mL						
空白实验消耗盐酸溶液的体积V_0/mL						
c/（mol/L）						
$\bar{c}$/（mol/L）						
相对平均偏差/%						
数据处理计算过程						

六、注意事项

（1）定量分析实验中，一般标准溶液浓度的标定做四个平行样，测定试样时做三个平行样，如无特别说明，以下实验同。

（2）标定时，一般采用小份标定❶。在标准溶液浓度较稀（如0.01mol/L）、基准物质摩尔质量较小时，若采用小份标定称量误差较大，可采用大份标定，即稀释法标定。

（3）用无水碳酸钠标定HCl溶液，在接近滴定终点时，应剧烈摇动锥形瓶加速H_2CO_3分解；或将溶液加热至沸腾，以赶除CO_2，冷却后再滴定至终点。

 知识链接

盐酸

盐酸（hydrochloric acid）是氯化氢（HCl）的水溶液，属于一元无机强酸，工业用途广泛。盐酸的性状为无色透明的液体，有强烈的刺鼻气味，具有较高的腐蚀性。浓盐酸（质量分数约为37%）具有极强的挥发性，因此盛有浓盐酸的容器打开后氯化氢气体会挥发，与空气中的水蒸气结合产生盐酸小液滴，使瓶口上方出现酸雾。盐酸是胃酸的主要成分，它能够促进食物消化、抵御微生物感染。

16世纪，利巴菲乌斯正式记载了纯净盐酸的制备方法：将浓硫酸与食盐混合加热。之后格劳勃、普利斯特里、戴维等化学家也在他们的研究中使用了盐酸。

工业革命期间，盐酸开始大量生产。化学工业中，盐酸有许多重要应用，对产品的质量起决定性作用。盐酸可用于酸洗钢材，也是大规模制备许多无机、有机化合物所需的化学试剂，例如PVC塑料的前体氯乙烯。盐酸还有许多小规模的用途，比如用于家务清洁、生产明胶及其他食品添加剂、除水垢试剂、皮革加工。全球每年生产约两千万吨的盐酸。

项目总结

技能点
- 电子天平的使用
- 减量法称量固体
- 液体溶液的配制
- 指示剂的选择
- 滴定终点的控制

知识点
- 液体稀释计算
- 实验数据记录及计算

思考题

（1）查找盐酸工业制法、实验室制法、盐酸用途、盐酸防护安全措施。

（2）盐酸标准溶液能否采用直接法配制？为什么？

（3）用无水碳酸钠作为基准物质标定盐酸溶液时，能否用酚酞作指示剂？为什么？

---

❶ "小份标定"又称"称小样"，即准确称取一定量基准物质溶解后进行标定。"大份标定"又称"称大样"或稀释法，即准确称取一定量基准物质溶解后定量转移到一定体积容量瓶中配制，从中移取一定量进行标定（如配成250mL，移取25mL）。

项目四 氢氧化钠标准溶液的配制与标定

项目导入

酸碱中和滴定技术是化学分析中的一类重要分析技术。酸碱中和滴定，另一种方法是用已知物质的量浓度的碱来测定未知物质的量浓度的酸，实验中酚酞等做酸碱指示剂来判断是否完全中和。NaOH溶液应先配制成近似浓度，再用基准物标定其准确浓度。利用酸碱滴定分析方法，结合多种滴定分析方式及计算方法，进行分析测定，可以解决在酸碱滴定分析领域中所遇到的如酸碱标准溶液的浓度、各种物质的含量测定等问题。

学习目标

（1）能进行NaOH标准溶液的配制并标定。
（2）会正确选择使用指示剂，能熟练控制、准确判断滴定终点。
（3）能在实验中采取必要的安全防护措施，注意保护环境。
（4）在实验过程中培养学生严谨的科学态度，激发学生的学习热情。

工作任务

（1）NaOH标准溶液的配制。
（2）NaOH标准溶液的标定。
（3）数据处理。

任务活动过程

任务简介

NaOH标准溶液是最常用的碱标准溶液。NaOH固体容易吸收CO_2和水，不能用直接法配制标准溶液，应先配制成近似浓度的溶液，再用基准物标定。标定NaOH（依据GB/T 601—2016）常用基准物为邻苯二甲酸氢钾，指示剂为酚酞，由无色变为浅粉色半分钟不褪色为终点。

化学反应方程式如下：

$$KHC_8H_4O_4 + NaOH =\!=\!= KNaC_8H_4O_4 + H_2O$$

任务目标

（1）会进行溶液固体试剂用量的计算、配制。
（2）能用邻苯二甲酸氢钾为基准物标定NaOH标准溶液，完成NaOH标准溶液标定操作、计算。
（3）能熟练、规范操作使用容量瓶、移液管。
（4）解释酸碱中和滴定操作原理。

任务准备

试剂与仪器

1. 试剂

氢氧化钠（分析纯）、基准物邻苯二甲酸氢钾（105～110℃电烘箱中烘干至恒重）、酚酞指示剂［10g/L，称取1g酚酞，溶于乙醇（95%），用乙醇（95%）稀释至100mL］。

2. 仪器

聚四氟乙烯滴定管、250mL锥形瓶、50mL量筒、500mL试剂瓶、称量瓶、电子分析天平（0.1mg）。

内容

任务一 氢氧化钠标准溶液的配制

一、溶液的物质的量浓度、溶质的质量和溶液的体积三者之间的换算

【例4-1】 计算配制0.1mol/L的NaCl溶液500mL，需要NaCl固体多少克？

解 已知c（NaCl）=0.1mol/L，V（NaCl）=500mL=0.5L，M（NaCl）=58.5g/mol，则：
n（NaCl）=c（NaCl）V（NaCl）=0.1mol/L×0.5L=0.05mol，其质量为：
m（NaCl）=n（NaCl）M（NaCl）=0.05mol×58.5g/mol=2.9g

答：配制0.1mol/L的NaCl溶液500mL，需要NaCl固体2.9g。

二、配制溶液

在托盘天平上称取计算的固体质量，放在烧杯里，用适量蒸馏水使它完全溶解，稀释至所需溶液体积，将制得的溶液转移至试剂瓶中保存，贴上标签，待用。

配制c（NaOH）=0.1mol/L氢氧化钠溶液1000mL（依据GB/T 601—2016）

称取110g氢氧化钠，溶于100mL无二氧化碳的水中，摇匀，注入聚乙烯容器中，密闭放置到溶液清亮。按表4-1的规定，用塑料管量取上层清液，用无二氧化碳的水稀释至1000mL，摇匀并贴上标签，待标定（图4-1）。

表4-1　氢氧化钠标准溶液的浓度-体积

氢氧化钠标准滴定溶液的浓度c（NaOH）/（mol/L）	氢氧化钠溶液的体积V/mL
1	54
0.5	27
0.1	5.4

图4-1　待标定NaOH溶液及指示剂

任务二　氢氧化钠标准溶液的标定

一、标定

准确称取基准物质邻苯二甲酸氢钾0.4～0.6g于250mL锥形瓶中，加25mL煮沸并冷却的蒸馏水使之溶解（如果没有完全溶解，可稍微加热）。滴加2滴酚酞指示剂，用NaOH标准溶液滴定至溶液由无色变为微红色30s内不褪色即为终点。记录下消耗的NaOH溶液的体积，平行测定4次，同时做空白实验。

1．滴定管准备

滴定管试漏 ⟹ 洗涤 ⟹ 装液、赶气泡 ⟹ 调零 ⟹ 置于滴定管架上备用

2．称量基准物邻苯二甲酸氢钾

从干燥器中用纸条夹取基准物称量瓶，用减量法称取基准物（见图4-2、图4-3）。

图4-2　干燥器中纸条夹取基准物称量瓶

图4-3　减量法称取基准物

3．溶解、标定

溶解、标定步骤见图4-4～图4-7。

图4-4 加蒸馏水溶解

图4-5 加入酚酞指示剂

图4-6 标定

图4-7 滴定至终点，蒸馏水冲洗锥形瓶内壁

4. 读数、记录

滴定管读数见图4-8。

二、结果及计算

氢氧化钠标准溶液的浓度c（NaOH），单位为mol/L，按下面公式计算：

$$c(\text{NaOH}) = \frac{m \times 1000}{(V_1 - V_0) M(\text{KHC}_8\text{H}_4\text{O}_4)} \quad (4\text{-}1)$$

图4-8 滴定管读数

式中　　m——邻苯二甲酸氢钾的质量，g；

　　　　V_1——实际消耗NaOH溶液的体积，mL；

　　　　V_0——空白实验消耗NaOH溶液的体积，mL；

$M(\text{KHC}_8\text{H}_4\text{O}_4)$——邻苯二甲酸氢钾的摩尔质量，204.22g/mol。

氢氧化钠标准滴定溶液标定数据记录于表4-2。

表4-2 氢氧化钠标准滴定溶液标定数据

分析日期：　　年　　月　　日　　　姓名

项目	测定次数	1	2	3	4
基准物称量	m（倾样前）/g				
	m（倾样后）/g				
	m/g				
滴定管初读数/mL					
滴定管终读数/mL					

续表

项目＼测定次数	1	2	3	4
滴定时实际消耗NaOH溶液的体积V_1/mL				
空白实验时消耗NaOH溶液的体积V_0/mL				
c/（mol/L）				
$\bar{c}$/（mol/L）				
相对平均偏差/%				
数据处理计算过程				

知识链接

氢氧化钠

氢氧化钠化学式为NaOH，俗称烧碱、火碱、苛性钠，为一种具有强腐蚀性的强碱，一般为片状或块状形态，易溶于水（溶于水时放热）并形成碱性溶液，另有潮解性，易吸取空气中的水蒸气（潮解）和二氧化碳（变质），可加入盐酸检验是否变质。

NaOH是化学实验室中一种必备的化学品，亦为常见的化工品之一。纯品是无色透明的晶体。密度2.130g/cm³，熔点318.4℃，沸点1390℃。工业品含有少量的氯化钠和碳酸钠，是白色不透明的晶体。有块状、片状、粒状和棒状等。分子量39.997。

氢氧化钠在水处理中可作为碱性清洗剂，溶于乙醇和甘油；不溶于丙醇、乙醚。与氯、溴、碘等卤素发生歧化反应。与酸类起中和作用而生成盐和水。

项目总结

技能点
- 电子天平的使用、减量法称量
- 移液管、容量瓶的使用
- 溶液的稀释
- 滴定管的使用

知识点
- 溶液浓度计算
- 滴定管读数
- 移液管、容量瓶操作要领
- 实验数据记录

思考题

（1）标定NaOH标准溶液用的邻苯二甲酸氢钾称取质量如何计算？选用邻苯二甲酸氢钾标定浓度为0.2mol/L NaOH溶液的准确浓度，今欲控制消耗NaOH溶液的体积在25mL左右，应称取基准物质的质量为多少克？如改用$H_2C_2O_4·2H_2O$（草酸）为基准物，又应称取多少克？

（2）用邻苯二甲酸氢钾标定NaOH标准溶液为什么用酚酞而不用甲基橙作指示剂？

（3）为什么不能用直接法配制NaOH标准溶液？装NaOH溶液的试剂瓶为什么不宜用玻璃塞？

项目五　混合碱中NaOH、Na_2CO_3含量的测定

项目导入

酸碱中和滴定技术是化学分析中的一类重要分析技术。酸碱中和滴定是用已知物质的量浓度的酸（或碱）来测定未知物质的量浓度的碱（或酸）的方法。实验中甲基橙、甲基红、酚酞等作酸碱指示剂来判断是否完全中和。利用酸碱滴定分析方法，结合多种滴定分析方式及计算方法，进行分析测定，可以解决在酸碱滴定分析领域中所遇到的如酸碱标准溶液的浓度、各种物质的含量测定等问题。酸碱中和滴定技术是最基本的化学分析实验技术。

学习目标

（1）能根据实验要求，正确选择使用指示剂。
（2）能熟练控制、准确判断滴定终点。
（3）能设计实验方案，联系实际解决中和滴定问题。
（4）能利用双指示剂法判断混合碱的组成。
（5）能在实验中采取必要的安全防护措施，注意保护环境。
（6）在实验过程中培养学生严谨的科学态度，激发学生的学习热情。

工作任务

（1）标准溶液的配制及标定。
（2）用酸碱中和滴定方法解决实际问题。
（3）数据处理。

任务活动过程

任务简介

氢氧化钠俗称烧碱，在生产和存放过程中，常因吸收空气中的CO_2而含少量的Na_2CO_3。氢氧化钠和碳酸钠均为碱性，用酸碱滴定法，以盐酸为标准滴定溶液双指示剂法测定各自的

含量。双指示剂法根据滴定过程中pH变化的情况，选用两种不同的指示剂，分别指示第一、第二化学计量点（终点）的到达，从而求出各组分的含量，这种测定方法常称为"双指示剂法"。在混合碱的测定中，所用的两种指示剂分别为酚酞和甲基橙。

任务目标

（1）能熟练、规范用减量法称量固体、液体试剂。
（2）能熟练、准确判定滴定终点。
（3）会熟练操作滴定管半滴控制滴定终点。
（4）会根据实验要求正确选择使用化学试剂。

任务准备

试剂与仪器

1. 试剂

（1）盐酸溶液　0.1mol/L。
（2）混合碱溶液　氢氧化钠（100g/L）：无水碳酸钠（100g/L）=2:3（体积比）。
（3）无水碳酸钠　基准试剂。
（4）酚酞指示剂　称取1g酚酞，溶于乙醇（95%），用乙醇（95%）稀释至100 mL。
（5）甲基橙指示剂　称取0.1g甲基橙，溶于70℃的水中，冷却，稀释至100mL。

2. 仪器

电子天平（精度0.0001g）、滴定管（聚四氟乙烯酸碱通用管，50mL）、移液管或吸量管（2mL，一支）、电烘箱（适合105～110℃）、锥形瓶（250mL，4个）、称量瓶、量筒（100mL）。

内　容

任务　混合碱中$NaOH$、Na_2CO_3含量的测定

一、0.1mol/L盐酸标准溶液标定

称取0.2×（1±5%）g于270～300℃灼烧至质量恒定的无水碳酸钠基准物质，称准至0.0001g。溶于50mL水中，加10滴溴甲酚绿-甲基红混合指示液，用配制好的盐酸溶液滴定至溶液由绿色变为紫红色，再煮沸2min，冷却后，继续滴定至溶液再呈暗紫色。平行测定4次。同时做空白实验。

二、混合碱中$NaOH$、Na_2CO_3含量的测定

准确称取2（1±10%）g混合碱溶液（图5-1、图5-2）至250mL锥形瓶中，加入50mL

无二氧化碳的水中,加入2滴酚酞指示剂,用0.1mol/L盐酸标准滴定溶液进行滴定(图5-3~图5-5)。当溶液由粉红色变为无色的时候,保持30s,记录消耗体积V_1(图5-6、图5-7)。加入5滴甲基橙指示剂(图5-8),继续滴定(图5-9)。当溶液由黄色变为橙色的时候(近终点应加热煮沸,赶除CO_2)保持30s,记录消耗的盐酸标准滴定溶液体积V_2(图5-10~图5-14),平行测定3次。

图5-1 混合碱待分析试样

图5-2 减量法称取所需混合碱试样

图5-3 加入50mL无二氧化碳蒸馏水

图5-4 加入2滴酚酞指示剂(溶液呈红色)

图5-5 用0.1mol/L盐酸标准滴定溶液滴定

图5-6 溶液由粉红色变为无色即为第一终点

图5-7 读取消耗盐酸体积并记录

图5-8 加入5滴甲基橙指示剂(溶液呈黄色)

图5-9 继续用0.1mol/L盐酸标准滴定溶液滴定

图5-10 近终点加热煮沸以赶除CO_2

图5-11 水浴冷却,此时橙色褪去

图5-12 此时已近终点,谨慎滴定

图5-13 滴定至溶液呈橙色,保存30s不褪色

图5-14 准确读取第二终点消耗盐酸体积并记录

三、结果及计算

计算公式:

$$w(\text{NaOH}) = \frac{c(\text{HCl})(2V_1 - V_2)M(\text{NaOH})}{m \times 1000} \quad (5\text{-}1)$$

$$w(\text{Na}_2\text{CO}_3) = \frac{c(\text{HCl})(V_2 - V_1)M(\text{Na}_2\text{CO}_3)}{m \times 1000} \quad (5\text{-}2)$$

式中 $w(\text{NaOH})$——混合碱溶液中氢氧化钠的质量分数,%;

$w(\text{Na}_2\text{CO}_3)$——混合碱溶液中碳酸钠的质量分数,%;

m——混合碱的质量,g;

V_1——第一化学计量点时消耗盐酸标准滴定溶液的体积,mL;

V_2——第一和第二化学计量点时消耗盐酸标准滴定溶液的总体积,mL;

$M(\text{NaOH})$——氢氧化钠的摩尔质量,g/mol;

$M(Na_2CO_3)$——碳酸钠的摩尔质量，g/mol。

数据记录于表5-1、表5-2中。

表5-1　盐酸标准溶液的标定

项目 \ 测定次数		1	2	3	4
基准物称量	m（倾样前）/g				
	m（倾样后）/g				
	$m(Na_2CO_3)$/g				
滴定管初读数/mL					
滴定管终读数/mL					
滴定时实际消耗盐酸溶液体积/mL					
空白实验消耗盐酸溶液体积/mL					
c/（mol/L）					
$\bar{c}$/（mol/L）					
相对平均偏差/%					
数据处理计算过程					

表5-2　溶液中NaOH、Na_2CO_3含量的测定

标准滴定溶液名称			标准滴定溶液浓度/（mol/L）		
项目 \ 测定次数	1	2	3	备用
减量法倾样前混合碱溶液质量/g				
减量法倾样后混合碱溶液质量/g				
称得混合碱溶液质量m/g				
滴定管初读数/mL				
第一计量点滴定管读数/mL				
第二计量点滴定管读数/mL				
第一计量点实际消耗V_1/mL				
第二计量点实际消耗V_2/mL				
氢氧化钠质量分数/%				
碳酸钠质量分数/%				
氢氧化钠平均质量分数/%				
碳酸钠平均质量分数/%				
备注				

知识链接

直接滴定法应用——混合碱的测定

1. 烧碱中NaOH和Na_2CO_3含量的测定——双指示剂法（两种指示剂两个终点）

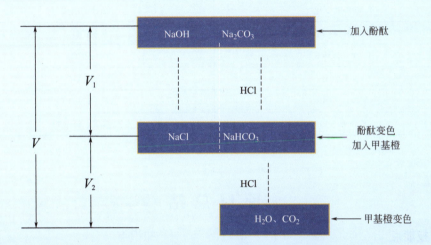

由此可推得：

$$w(NaOH) = \frac{c(V_1 - V_2) M(NaOH) \times 10^{-3}}{m_s} \tag{5-3}$$

$$w(Na_2CO_3) = \frac{2cV_2 M(\frac{1}{2}Na_2CO_3) \times 10^{-3}}{m_s} \tag{5-4}$$

2. 纯碱中Na_2CO_3和$NaHCO_3$的测定——双指示剂法

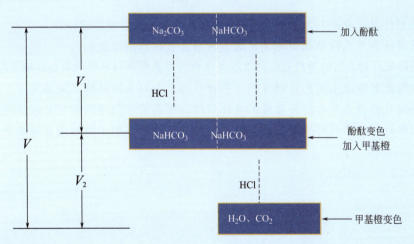

由此可推得：

$$w(Na_2CO_3) = \frac{2cV_1 M(\frac{1}{2}Na_2CO_3)}{m_s} \times 10^{-3} \tag{5-5}$$

任务 混合碱中NaOH、Na_2CO_3含量的测定

$$w(NaHCO_3) = \frac{c(V_2-V_1)M(NaHCO_3)}{m_s} \times 10^{-3} \qquad (5\text{-}6)$$

3. 双指示剂法用于未知碱样的分析

V_1 和 V_2 的变化	试样的组成
$V_1 \neq 0$, $V_2 = 0$	NaOH
$V_1 = 0$, $V_2 \neq 0$	$NaHCO_3$
$V_1 = V_2 \neq 0$	Na_2CO_3
$V_1 > V_2 > 0$	NaOH+Na_2CO_3
$V_2 > V_1 > 0$	$NaHCO_3$+Na_2CO_3

项目总结

技能点
- 电子天平的使用
- 减量法称量固体、液体试剂
- 指示剂的选择
- 滴定终点的控制

知识点
- 化学试剂的分类
- 滴定终点、化学计量点
- 实验数据记录及计算

思考题

根据下列情况，分别判断含有 K_2CO_3、KOH、$KHCO_3$ 中哪些组分？
（1）用酚酞和甲基橙作指示剂滴定溶液时用去盐酸标准溶液相同；
（2）用酚酞作指示剂时所用盐酸标准溶液体积为甲基橙作指示剂所用盐酸标准溶液的一半；
（3）加酚酞时溶液不显色，但可用甲基橙作指示剂以盐酸标准溶液滴定；
（4）用酚酞作指示剂时所用盐酸溶液比继续加甲基橙作指示剂所用盐酸溶液少；
（5）用酚酞作指示剂时所用盐酸溶液比继续加甲基橙作指示剂所用盐酸溶液多。

项目六　滴定分析仪器的校准

项目导入

滴定分析用的玻璃量器是按一定规格生产的，玻璃量器上所标示的刻度和容量数值，叫做标准温度（20℃）时的标称容量。按照量器上标称容量准确度的高低，分为A级（较高级）和B级（较低级）两种，凡分级的量器，上面都有相应的等级标志。不同等级的量器，其容量允差也不同。容量允差是指量器实际容量与标称容量之间允许存在的差值。

由于温度的变化或试剂的侵蚀等原因，量器实际容量与标称容量之间客观存在着或多或少的差值，对准确度要求较高的分析工作、仲裁工作、科学研究及长期使用的仪器，必须对使用的量器进行校准。

学习目标

（1）能熟练操作滴定管绝对校准。
（2）能熟练操作容量瓶与移液管相对校准。
（3）能熟练操作移液管、容量瓶绝对校准。
（4）能熟练计算溶液温度体积校准。

工作任务

（1）滴定分析仪器滴定管的绝对校准。
（2）滴定分析仪器容量瓶、移液管的相对校准。
（3）滴定分析仪器容量瓶、移液管的绝对校准。
（4）滴定分析溶液温度体积校准。

任务活动过程

任务简介

由于温度的变化或试剂的侵蚀等原因，量器实际容量与标称容量之间客观存在着或多或少的差值，对准确度要求较高的分析工作、仲裁工作、科学研究及长期使用的仪器，必须对使用的量器进行校准。在实际工作中，容量仪器的校准通常采用绝对校准和相对校准两种方法。滴定管一般采用绝对校准法，对于配套使用的移液管和容量瓶，可采用相对校准法，用作取样的移液管，则必须采用绝对校准法。绝对校准法准确，但操作比较麻烦。相对校准法操作简单，但必须配套使用。

任务目标

（1）移液管、容量瓶的相对校准、绝对校准。
（2）滴定管的绝对校准，滴定管校准曲线的绘制。
（3）滴定结果溶液的体积校准、温度校准。

任务准备

试剂与仪器

1. 试剂

蒸馏水、95%乙醇。

2. 仪器

温度计（分度值0.1 ℃）、50mL聚四氟乙烯滴定管、25mL移液管、100mL容量瓶（A级）、250mL容量瓶（A级）、电子分析天平、量程500g精度为0.001g的电子天平、具塞锥形瓶（50mL）。

内容

任务一 移液管和容量瓶的校准

一、移液管、容量瓶的相对校准（25mL移液管、250mL容量瓶）

将250mL容量瓶洗净、晾干（可用少量95%乙醇润洗内壁后倒挂在漏斗架上控干），用洗净的25mL移液管准确吸取蒸馏水，放入容量瓶中，注意不要使水滴落在容量瓶瓶颈的磨口处。平行移取10次，静止后仔细观察容量瓶中水的弯月面下缘是否与标线相切。若正好相切，说明移液管与容量瓶体积之比为1∶10，可用原标线；若不相切，另作一标记（贴透明胶布保护此标记）。待容量瓶晾干后再校准一次，看连续两次是否相符，两次校准数据的偏差应不超过该量器容量允差的1/4，并以其平均值为校准结果。具体操作步骤见图6-1～图6-8。

二、容量瓶的绝对校准

将洗涤合格并倒置沥干的容量瓶放在天平上称量（见图6-9～图6-11），取蒸馏水充入已称重的容量瓶中，称量并测水温。

图6-1　容量瓶洗净控干备用

图6-2　移液管洗净备用

图6-3　准备蒸馏水

图6-4　移液

图6-5　擦干移液管外壁蒸馏水

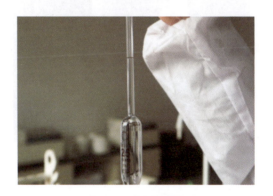

图6-6　移液管调零

图6-7　缓缓放入容量瓶中，重复操作10次

图6-8　静止后贴上校正标记线

任务一　移液管和容量瓶的校准

方法一：将蒸馏水充入至容量瓶刻度，称重并测水温，根据1mL纯水用黄铜砝码称得的质量（r_t），计算20℃时的实际体积及校准值。

方法二：根据1mL纯水用黄铜砝码称得的质量（r_t），计算20℃时100.00mL蒸馏水的质量m（图6-12），将蒸馏水充入容量瓶至计算得蒸馏水质量m（图6-13）。

容量瓶：100.00mL（绝对校正）。

规范要求：单点。

近刻线时，用滴管边加边称量质量达到计算体积与质量（图6-14～图6-16）。

图6-9　容量瓶洗净控干

图6-10　准备大量程电子天平

图6-11　称出空瓶质量

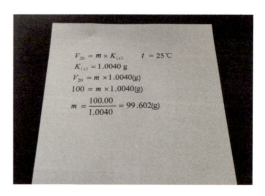

图6-12　计算20℃时100.00mL蒸馏水的质量

图6-13　充入蒸馏水

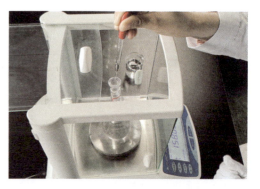

图6-14　近刻线时，用滴管边加边称量达到计算质量

图6-15 校准后体积

图6-16 若不在刻线上,用透明胶做标记

注意:容量瓶必须洗净干燥,在添加蒸馏水过程中,容量瓶磨口部分不能沾上蒸馏水。

三、移液管的绝对校准

取具塞锥形瓶,洗净烘干,在分析天平上准确称取其质量 m_1。将移液管洗净按其使用方法量取纯水至刻线处,放入已称重的锥形瓶中,在分析天平上称量盛水的锥形瓶质量 m_2,并测出水的温度 t。计算20℃时的实际体积 V_{20} 及校准值 ΔV。具体实验操作步骤见图6-17～图6-25。

图6-17 实验准备

图6-18 准确称取具塞锥形瓶质量并记录

图6-19 移取蒸馏水

图6-20　滤纸擦干移液管外壁

图6-21　洁净小烧杯倾斜30°调刻线

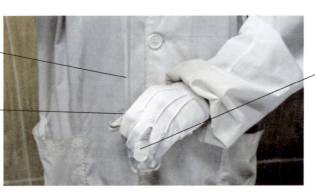

图6-22　放蒸馏水至已称重的具塞锥形瓶中

图6-23　称量盛水的锥形瓶

图6-24　记录质量（平行测定3次）

图6-25　读取水温

计算：

m_1=77.6395g m_2=102.5882g t=18.9℃

查得：$\rho_{水}$=0.998424（g/mL）

$$V_{20}=\frac{m_2-m_1}{\rho}=\frac{102.5882g-77.6395g}{0.998424g/mL}≈24.99mL$$

$$\Delta V=24.99mL-25.00mL=-0.01mL$$

平行测定3次，取平均值。

任务二 滴定管的绝对校准

一、滴定管的计量要求

滴定管的计量要求见表6-1。

表6-1 滴定管计量要求

标称容量/mL		50
分度值/mL		0.1
容许公差/mL	A	±0.05
	B	±0.10
流出时间	A	60～90s
	B	50～90s
等待时间/s		30
分度线宽度/mm		≤0.3

二、滴定管校准（以50mL聚四氟乙烯滴定管为例）

规范要求：0～10mL，0～20mL，0～30mL，0～40mL，0～50mL（5点检定点）

（1）取一只容量大于被检玻璃容器的洁净有盖称量瓶，称得空瓶质量（图6-26、图6-27）。

（2）将被检玻璃量器内的纯水放入称量瓶后，称得纯水质量（图6-28、图6-29）。

（3）调整被检玻璃量器液面的同时，应观察测温筒内的水温，读数精确到0.1℃。

（4）玻璃量器在20℃时实际容量按下式计算。

$$V_{20}=mK(t) \tag{6-1}$$

式中　m ——t℃时在空气中用砝码称得的玻璃仪器中放出或装入的纯水的质量，g；

　　　$K(t)$ ——表中查得的常用玻璃量器衡量法$K(t)$值；

图6-26 准备好洁净干燥称量瓶

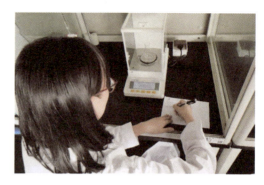

图6-27 称得空瓶质量

图6-28 放出检定点纯水

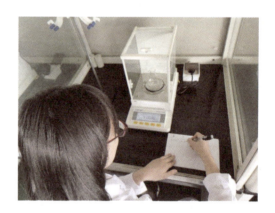

图6-29 称得纯水质量，记录

V_{20}——将m（g）纯水换算成20℃时的体积，mL。

常用玻璃量器衡量法$K(t)$值见表6-2。

表6-2 常用玻璃量器衡量法$K(t)$值

水温 t/℃	0.0	0.1	0.2	0.3	0.4	0.5	0.6	0.7	0.8	0.9
15	1.00208	1.00209	1.00210	1.00211	1.00213	1.00214	1.00215	1.00217	1.00218	1.00219
16	1.00221	1.00222	1.00223	1.00225	1.00226	1.00228	1.00229	1.00230	1.00232	1.00233
17	1.00235	1.00236	1.00238	1.00239	1.00241	1.00242	1.00244	1.00246	1.00247	1.00249
18	1.00251	1.00252	1.00254	1.00255	1.00257	1.00258	1.00260	1.00262	1.00263	1.00265
19	1.00267	1.00268	1.00270	1.00272	1.00274	1.00276	1.00277	1.00279	1.00281	1.00283
20	1.00285	1.00287	1.00289	1.00291	1.00292	1.00294	1.00296	1.00298	1.00300	1.00302
21	1.00304	1.00306	1.00308	1.00310	1.00312	1.00314	1.00315	1.00317	1.00319	1.00321
22	1.00323	1.00325	1.00327	1.00329	1.00331	1.00333	1.00335	1.00337	1.00339	1.00341
23	1.00344	1.00346	1.00348	1.00350	1.00352	1.00354	1.00356	1.00359	1.00361	1.00363

续表

水温 $t/℃$	0.0	0.1	0.2	0.3	0.4	0.5	0.6	0.7	0.8	0.9
24	1.00366	1.00368	1.00370	1.00372	1.00374	1.00376	1.00379	1.00381	1.00383	1.00386
25	1.00389	1.00391	1.00393	1.00395	1.00397	1.00400	1.00402	1.00404	1.00407	1.00409

滴定管衡量法检定数据记录于表6-3中。

表6-3 滴定管衡量法检定数据记录

检定点/mL	空瓶质量/g	瓶+水/g	水的质量/g	水温/℃	纯水密度/（g/mL）	流出时间/s	等待时间/s	滴定管读数/mL	实际容积/mL	ΔV/mL
0～10	25.6846	35.6670	9.9824	25.2	1.00393	60	30	9.99	10.02	0.03
0～20	23.2839	43.2415	19.9576	25.2	1.00393	70	30	20.02	20.04	0.02
0～30	21.9142	51.8391	29.9249	25.2	1.00393	80	30	30.00	30.04	0.04
0～40	21.1206	60.9951	39.8745	25.2	1.00393	90	30	40.00	40.03	0.03
0～50	17.5404	67.3347	49.7943	25.2	1.00393	90	30	50.00	49.99	−0.01

注：校正值 ΔV=实际容积−刻度值。

以校正值 ΔV 为纵坐标，滴定体积为横坐标作图，得滴定管校准曲线，见图6-30。

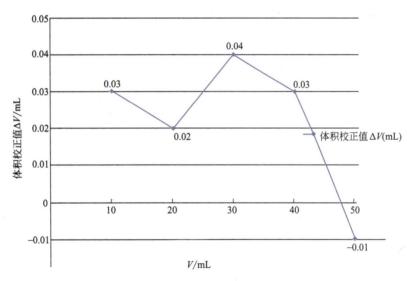

图6-30 滴定管校准曲线

注意：在校准过程中，保持室内温度、湿度恒定；校准用水和容量仪器及称量瓶的温度尽可能接近室温，温度测量精确至0.1℃；严格按照容量器皿的使用方法读取体积读数；容量仪器校准前必须用铬酸洗液充分洗涤干净，当水面下降或上升时与器壁接触处形成正常弯月面，水面上部器壁不应有挂水滴等沾污现象。

三、溶液体积的校准

不同温度下标准滴定溶液的体积的补正值见表6-4。

表6-4 不同温度下标准滴定溶液的体积的补正值

[1000mL 溶液由 t℃ 换算为 20℃ 时的补正值/(mL/L)]

温度/℃	水和 0.05mol/L 以下的各种水溶液	0.1mol/L 和 0.2mol/L 各种水溶液	盐酸溶液 $c(HCl)$ =0.5mol/L	盐酸溶液 $c(HCl)$ =1mol/L	硫酸溶液 $c(\frac{1}{2}H_2SO_4)$ =0.5mol/L,氢氧化钠溶液 $c(NaOH)$ =0.5mol/L	硫酸溶液 $c(\frac{1}{2}H_2SO_4)$ =1mol/L,氢氧化钠溶液 $c(NaOH)$ =1mol/L	碳酸钠溶液 $c(\frac{1}{2}Na_2CO_3)$ =1mol/L	氢氧化钾-乙醇溶液 $c(KOH)$ =0.1mol/L
5	+1.38	+1.7	+1.9	+2.3	+2.4	+3.6	+3.3	
6	+1.38	+1.7	+1.9	+2.2	+2.3	+3.4	+3.2	
7	+1.36	+1.6	+1.8	+2.2	+2.2	+3.2	+3.0	
8	+1.33	+1.6	+1.8	+2.1	+2.2	+3.0	+2.8	
9	+1.29	+1.5	+1.7	+2.0	+2.1	+2.7	+2.6	
10	+1.23	+1.5	+1.6	+1.9	+2.0	+2.5	+2.4	+10.8
11	+1.17	+1.4	+1.5	+1.8	+1.8	+2.3	+2.2	+9.6
12	+1.10	+1.3	+1.4	+1.6	+1.7	+2.0	+2.0	+8.5
13	+0.99	+1.1	+1.2	+1.4	+1.5	+1.8	+1.8	+7.4
14	+0.88	+1.0	+1.1	+1.2	+1.3	+1.6	+1.5	+6.5
15	+0.77	+0.9	+0.9	+1.0	+1.1	+1.3	+1.3	+5.2
16	+0.64	+0.7	+0.8	+0.8	+0.9	+1.1	+1.1	+4.2
17	+0.50	+0.6	+0.6	+0.6	+0.7	+0.8	+0.8	+3.1
18	+0.34	+0.4	+0.4	+0.4	+0.5	+0.6	+0.6	+2.1
19	+0.18	+0.2	+0.2	+0.2	+0.2	+0.3	+0.3	+1.0
20	0.00	0.00	0.00	0.0	0.0	0.0	0.0	0.0
21	−0.18	−0.2	−0.2	−0.2	−0.2	−0.3	−0.3	−1.1
22	−0.38	−0.4	−0.4	−0.5	−0.5	−0.6	−0.6	−2.2
23	−0.58	−0.6	−0.7	−0.7	−0.8	−0.9	−0.9	−3.3
24	−0.80	−0.9	−0.9	−1.0	−1.0	−1.2	−1.2	−4.2
25	−1.03	−1.1	−1.1	−1.2	−1.3	−1.5	−1.5	−5.3
26	−1.26	−1.4	−1.4	−1.4	−1.5	−1.8	−1.8	−6.4
27	−1.51	−1.7	−1.7	−1.7	−1.8	−2.1	−2.1	−7.5
28	−1.76	−2.0	−2.0	−2.0	−2.1	−2.4	−2.4	−8.5
29	−2.01	−2.3	−2.3	−2.3	−2.4	−2.8	−2.8	−9.6
30	−2.30	−2.5	−2.5	−2.6	−2.8	−3.2	−3.1	−10.6
31	−2.58	−2.7	−2.7	−2.9	−3.1	−3.5		−11.6
32	−2.86	−3.0	−3.0	−3.2	−3.4	−3.9		−12.6
33	−3.04	−3.2	−3.3	−3.5	−3.7	−4.2		−13.7

续表

温度/℃	水和0.05mol/L以下的各种水溶液	0.1mol/L和0.2mol/L各种水溶液	盐酸溶液c(HCl)=0.5mol/L	盐酸溶液c(HCl)=1mol/L	硫酸溶液$c(\frac{1}{2}H_2SO_4)$=0.5mol/L,氢氧化钠溶液c(NaOH)=0.5mol/L	硫酸溶液$c(\frac{1}{2}H_2SO_4)$=1mol/L,氢氧化钠溶液c(NaOH)=1mol/L	碳酸钠溶液$c(\frac{1}{2}Na_2CO_3)$=1mol/L	氢氧化钾-乙醇溶液c(KOH)=0.1mol/L
34	−3.47	−3.7	−3.6	−3.8	−4.1	−4.6		−14.8
35	−3.78	−4.0	−4.0	−4.1	−4.4	−5.0		−16.0
36	−4.10	−4.3	−4.3	−4.4	−4.7	−5.3		−17.0

注：1. 本表数值是以20℃为标准温度以实测法测出。

2. 表中带有"+""−"号的数值是以20℃为分界，室温低于20℃的补正值为"+"，高于20℃的补正值为"−"。

3. 本表的用法，如下：

如1L硫酸溶液[$c(\frac{1}{2}H_2SO_4)$=1mol/L]由25℃换算为20℃时，其体积补正值为−1.5mL，故40.00mL换算为20℃时的体积为：

$$40.00-\frac{1.5}{1000}\times 40.00=39.94（mL）$$

 知识链接

容量器皿的校准

滴定管、容量瓶、移液管是滴定分析法所用的主要量器。容量器皿的容积与其所标注的体积并非完全相符合，因此，在准确度要求较高的分析工作中，必须对容量器皿进行校准。

由于玻璃有热胀冷缩的特性，在不同的温度下，容量器皿的体积也有所不同。因此，校准玻璃容量器皿时，必须规定一个共同的温度值，这一规定温度值为标准温度。国际上规定玻璃容量器皿的标准温度为20℃。即在校准时都将玻璃容量器皿的容积校准到20℃时的实际容积。容量器皿常采用两种校准方法：相对校准和绝对校准。

（1）相对校准　要求两种容器体积之间有一定的比例关系时，常采用相对校准的方法。例如，25mL移液管量取液体的体积应等于250mL容量瓶量取体积的1/10。

（2）绝对校准　测定容量器皿的实际容积。常用的校准方法为衡量法，又叫称量法。即用分析天平称得容量器皿容纳或放出纯水的质量，然后根据水的密度，计算出该容量器皿在标准温度20℃时的实际体积。

项目总结

技能点
- 移液管、滴定管、容量瓶使用
- 移液管、容量瓶的相对校准
- 移液管、容量瓶的绝对校准

知识点
- 溶液体积校正
- 溶液温度校正
- 滴定管校准曲线绘制

▶ 滴定管绝对校准

思 考 题

（1）为什么要进行容量器皿的校准？影响容量器皿刻度不准确的原因主要有哪些？

（2）利用衡量法进行容量器皿校准时，为什么要求水温和室温一致？若两者有稍微差别，以哪一个温度为准？

（3）使用移液管的操作要领是什么？为何要垂直流下液体？为何放完液体后要停留一定时间？最后留于管尖的液体如何处理，为什么？

项目七　EDTA标准溶液的配制与标定及水硬度的测定

项目导入

利用金属离子与配位体形成配合物的反应进行滴定分析的方法，称为配位滴定法。配位滴定法是常用四大类滴定分析方法之一。目前，配位滴定法主要是指以EDTA（乙二胺四乙酸二钠盐）为滴定剂的滴定法。由于EDTA具有相当强的配位能力，能与许多金属形成配合物，且EDTA与大多数金属离子的反应均为1∶1型，因此，EDTA配位滴定法应用广泛，计算简单。在配位滴定中常采用直接滴定法、返滴定法、置换滴定法和间接滴定法等不同的滴定方式，不仅可以扩大配位滴定的应用范围，而且还可以提高配位滴定的选择性。

学习目标

（1）能进行EDTA标准溶液的配制与标定，并用EDTA标准溶液测定部分金属离子。
（2）理解EDTA性质及与金属离子的配合物的特点。
（3）能设计实验方案，联系实际解决配位滴定问题。
（4）能在实验中采取必要的安全防护措施，注意保护环境。
（5）在实验过程中培养学生严谨的科学态度，激发学生的学习热情。

工作任务

（1）EDTA标准溶液的配制及标定。
（2）用配位滴定方法解决实际问题：水硬度的测定。
（3）数据处理。

任务活动过程

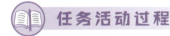

任务简介

饮用水的质量与水源的水质有关，然而有些水源中的水硬度原本较高，经过传统的净水处理程序后，其水硬度仍然偏高，以致煮沸后产生水垢，或其口感不好。硬度是由水中溶解许多多价的阳离子所构成,但最主要为钙及镁,其余为锶、钡、铝、铁、锰等多价离子。通常用EDTA来分析测定水中的Ca^{2+}、Mg^{2+},在分析之前先用基准ZnO标定未知EDTA标准溶液准确浓度。

任务目标

(1)能用氧化锌ZnO为基准物标定EDTA溶液,完成EDTA溶液标定操作、计算。
(2)能用EDTA标准溶液测定水样硬度,掌握铬黑T指示剂应用条件和终点变化。
(3)解释EDTA配位滴定的特点。

任务准备

试剂与仪器

1. 试剂

(1)基准ZnO 于(850±50)℃高温炉中灼烧至恒重。
(2)20%HCl 量取504mL盐酸,稀释至1000mL。
(3)10%氨水 量取400mL氨水稀释至1000mL。
(4)pH≈10 NH_3-NH_4Cl缓冲溶液 称取54g氯化铵溶于水,加350mL氨水,稀释至1000mL。
(5)铬黑T指示剂 称取0.5g铬黑T和2g氯化羟胺(盐酸羟胺),溶于乙醇(95%),用乙醇(95%)稀释至100mL,临用前制备。
(6)待标定EDTA标准溶液、待测水样。

2. 仪器

电子天平、100mL小烧杯4只、250mL容量瓶4只、25mL移液管一支、250mL锥形瓶4只、玻璃棒1根、胶头滴管一只、洗瓶一只、洗耳球一个、50mL聚四氟乙烯滴定管一支、10mL量筒、50mL量筒。

内容

任务一 EDTA标准溶液的配制与标定

一、0.02mol/L EDTA标准溶液的配制

称取8g乙二胺四乙酸二钠,加入1000mL蒸馏水,加热溶解、冷却、摇匀,装入试剂瓶,贴上标签,配制成近似浓度的EDTA标准滴定稀溶液备用。

二、0.02mol/L EDTA标准溶液的标定（依据GB/T 601—2016）

以氧化锌为基准试剂，在pH为10的条件下，以铬黑T为指示剂，对所配溶液进行标定，得出准确的浓度。反应方程式：

$$Zn^{2+}+H_2Y^{2-}=\!=\!=ZnY^{2-}+2H^+$$

准确称取0.4（1±5%）g精确至0.0001g、于（850±50）℃高温炉中灼烧至恒重的工作基准试剂ZnO（不得用去皮的方法）于100mL小烧杯中，用少量水润湿，加入20mL HCl（20%）溶解后，定量转移至250mL容量瓶中，用水稀释至刻度，摇匀。移取25.00mL上述溶液于250mL的锥形瓶中（不得从容量瓶中直接移取溶液），加75mL水，用氨水溶液（10%）调至溶液pH至7～8，加10mL NH_3-NH_4Cl 缓冲溶液（pH≈10）及5滴铬黑T（5g/L），用待标定的EDTA溶液滴定至溶液由紫色变为纯蓝色。平行测定4次，同时做空白实验。具体操作步骤见图7-1～图7-16。

图7-1 减量法称取基准氧化锌

图7-2 敲样

图7-3 记录氧化锌质量

图7-4 加HCl（20%）溶解

图7-5 蒸馏水冲洗表面皿

图7-6 转移至250mL容量瓶

图7-7　洗涤后洗液一并转移

图7-8　定容

图7-9　润洗

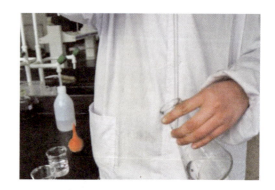

图7-10　移液

图7-11　氨水（10%）调pH值至7～8

图7-12　加10mL NH_3-NH_4Cl缓冲溶液（pH≈10）

图7-13　滴加铬黑T（5g/L）

图7-14　EDTA标定

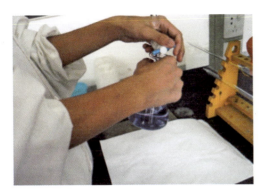
图7-15 滴定至溶液由紫色变为纯蓝色

图7-16 终点颜色

三、数据记录

EDTA标准滴定溶液标定的数据记录于表7-1中。

表7-1 EDTA标准滴定溶液标定

项目		测定次数	1	2	3	4
基准物称量	m（倾样前）/g					
	m（倾样后）/g					
	m（ZnO）/g					
移取ZnO试液体积/mL						
EDTA溶液初始读数/mL						
EDTA溶液终点读数/mL						
标定EDTA溶液浓度所消耗的体积/mL						
体积校正值/mL						
溶液温度/℃						
温度补正值/（mL/L）						
滴定时溶液温度校正值/mL						
实际消耗EDTA溶液体积V/mL						
空白实验消耗EDTA溶液体积V_0/mL						
c/（mol/L）						
$\bar{c}$/（mol/L）						
相对平均偏差/%						

分析日期： 年 月 日 姓名：

四、计算公式

EDTA标准滴定溶液的浓度c（EDTA）（单位mol/L）计算公式如下：

任务一 EDTA标准溶液的配制与标定

计算公式

$$c(\text{EDTA}) = \frac{m \times \dfrac{25.00}{250.0} \times 1000}{(V - V_0) \times 81.39}$$ （7-1）

式中　m——氧化锌的质量，g；

V——滴定时消耗EDTA标准滴定溶液的体积，mL；

V_0——空白实验消耗的EDTA标准滴定溶液的体积，mL；

81.39——氧化锌的摩尔质量，g/mol。

任务二　水硬度的测定

一、水样硬度的测定步骤

用25mL移液管准确移取透明水样，注入250mL锥形瓶中，加入5mL氨-氯化铵缓冲溶液和2滴铬黑T（5g/L）指示剂，在不断摇动下，用0.02mol/L EDTA标准滴定溶液滴定至溶液由酒红色变为蓝色即为终点，记录EDTA标准滴定溶液所消耗体积V，平行测定3次。同时做空白实验。具体操作步骤见图7-17～图7-22。

图7-17　准确移取25mL水样至锥形瓶

图7-18　加入5mL NH_3-NH_4Cl缓冲溶液（pH≈10）

图7-19　加入2滴铬黑T（5g/L）指示剂

图7-20　水样加入指示剂后呈酒红色

图7-21 用EDTA标准滴定溶液滴定

图7-22 溶液由酒红色变为蓝色即为终点

二、硬度（YD）计算公式

硬度（单位mmol/L）按下面公式计算：

$$YD = \frac{c(\text{EDTA})(V - V_0) \times 10^3}{V_s} \quad (7\text{-}2)$$

式中　$c(\text{EDTA})$——标准滴定溶液的浓度，mol/L；
　　　V——滴定消耗EDTA标准滴定溶液的体积，mL；
　　　V_0——空白实验消耗EDTA标准滴定溶液的体积，mL；
　　　V_s——水样体积，mL。

三、数据记录

硬度测定数据列于表7-2。

表7-2 硬度测定数据

项目		测定次数	1	2	3	备用
试液移取	移液管标示体积/mL					
	移液管实际体积/mL					
	溶液温度/℃					
	温度补正值/(mL/L)					
	溶液温度校正值/mL					
	样品实际体积/mL					
滴定管初读数/mL						
滴定管终读数/mL						
标定EDTA溶液浓度所消耗的体积/mL						
体积校正值/mL						
溶液温度/℃						
温度补正值/(mL/L)						

续表

项目 \ 测定次数	1	2	3	备用
溶液温度校正值/mL				
滴定时实际消耗EDTA溶液体积 V/mL				
空白实验消耗EDTA溶液体积 V_0/mL				
c（EDTA）/（mol/L）				
YD/（mmol/L）				
平均 YD/（mmol/L）				
相对平均偏差/%				

分析日期：　　年　月　日　　　姓名：

 知识链接

一、配位滴定概念

配位滴定是利用形成配合物的反应进行滴定分析的方法。配位滴定对配位反应的要求：①只能形成一种配位数的配合物；②形成的配合物必须稳定；③反应速率要快；④要有适当的确定计量点的方法。

二、EDTA的性质及其在配位滴定中的应用

1. EDTA的一般性质

EDTA是氨羧配位剂中的一种，化学名为乙二胺四乙酸，简写H_4Y，室温时，溶解度很小（在22℃时，100mL水中溶解0.02g），难溶于酸和一般有机溶剂，但能溶于碱和氨水，因其溶解度小，不宜作滴定剂，一般用乙二胺四乙酸二钠作滴定剂，Na_2H_2Y在室温时溶解度为100mL可溶解11g，此时浓度约为0.3mol/L，pH约为4.4。乙二胺四乙酸二钠习惯上也称EDTA。

当H_4Y溶解于水中，如果溶液的酸度很高，它的两个羧基上可以接受H^+而形成H_6Y^{2+}：

$$H_4Y + 2H^+ \Longleftrightarrow H_6Y^{2+}$$

这样，EDTA相当于六元酸，有六级解离平衡，在水溶液中有七种型体，其分布与pH有关，见表7-3。

表7-3　EDTA的七种型体

型体	H_6Y^{2+}	H_5Y^+	H_4Y	H_3Y^-	H_2Y^{2-}	HY^{3-}	Y^{4-}
pH值	<1	1～1.6	1.6～2	2～2.7	2.7～6.2	6.2～10.2	>10.2

只有Y^{4-}可直接与金属离子配合，故在碱性溶液中配合能力强。

EDTA多用于水质监测中的配位滴定分析。由于本身可以形成多种配合物，所以

可以滴定很多金属离子。元素周期表里的ⅡA、ⅢA、镧系金属、锕系金属都可以用EDTA滴定。

2. EDTA与金属离子形成配合物的特点

EDTA与金属离子易形成配合物生成五元环的螯合物。

（1）EDTA与金属离子形成配合物相当稳定，配位反应迅速；

（2）EDTA与大多数金属离子形成配合物的摩尔比为1∶1，没有分级配位现象，与正四价锆、正五价钼1∶2配位；

（3）EDTA与金属离子形成的配合物多数可溶于水，使滴定反应能在水溶液中进行；

（4）形成配合物的颜色主要决定于金属离子的颜色。

三、金属指示剂

1. 金属指示剂的作用原理

例：铬黑T　　终点前：M + In ⇌ MIn（红）　　M + Y ⇌ MY

（EBT）　　终点时：MIn + Y ⇌ MY + In（蓝）

金属指示剂应具备的条件：①MIn与In的颜色有明显区别；②$K'_{MY} > K'_{MIn}$，一般要求$K'_{MY}/K'_{MIn} > 10^2$。指示剂的封闭现象：$K'_{MY} < K'_{MIn}$，使指示剂在化学计量点附近不能变色，或变色不敏锐。例如Fe^{3+}、Al^{3+}、Cu^{2+}、Co^{2+}、Ni^{2+}等对铬黑T有封闭作用。

掩蔽剂：为消除封闭现象，加入某种试剂使封闭离子不能与指示剂配位以消除干扰，这种试剂称为掩蔽剂。例如测定水中Ca^{2+}、Mg^{2+}含量，Fe^{3+}、Al^{3+}封闭铬黑T，可加三乙醇胺作掩蔽剂。

2. 金属指示剂的选择

（1）金属指示剂In与金属离子M形成的配合物MIn的颜色与指示剂In本身的颜色有明显的区别，滴定达到终点时的颜色变化才明显。

（2）配合物MIn要有适当的稳定性。若MIn的稳定性太低，将会过早出现滴定终点，且终点的颜色变化不明显；若MIn的稳定性太高，则接近化学计量点时滴加配位剂Y不能夺取MIn中的M，In不能游离出来，甚至滴定过了终点，也观察不到颜色的变化，这就失去了指示剂的作用。

（3）指示剂与金属离子的显色反应必须灵敏、迅速，且有良好的变色可逆性。

3. 常用金属指示剂

常用金属指示剂有铬黑T（pH=7～10）、二甲酚橙（pH＜6，Al^{3+}封闭，采用返滴定法测Al^{3+}）、PAN、钙指示剂等。

项 目 总 结

技能点	知识点
▶ 电子天平的使用 ▶ 减量法称量	▶ 误差、精密度、准确度 ▶ 有效数字

- 滴定分析仪器的使用
- EDTA标定
- 硬度测定
- 实验数据记录
- 配位滴定

思 考 题

（1）用于配位滴定的反应必须符合哪些条件？
（2）EDTA与金属离子所形成的配合物有什么特点？

项目八　硫酸镍中镍离子含量的测定

项目导入

配位滴定法主要是指以EDTA（乙二胺四乙酸二钠盐）为滴定剂的滴定法。由于EDTA具有相当强的配位能力，能与许多金属离子形成配合物，且EDTA与大多数金属离子的反应均为1∶1型，因此，EDTA配位滴定法应用广泛，计算简单。在配位滴定中采用直接滴定法、返滴定法、置换滴定法和间接滴定法等不同的滴定方法，不仅可以扩大配位滴定的范围，而且还可以提高配位滴定的选择性。本项目为EDTA直接配位滴定法测定硫酸镍中镍离子含量。

学习目标

（1）能进行EDTA标准溶液的配制与标定。
（2）能用EDTA标准溶液测定镍离子含量。
（3）理解EDTA性质及与金属离子的配合物的特点。
（4）能设计实验方案，联系实际解决配位滴定问题。
（5）能在实验中采取必要的安全防护措施，注意保护环境。
（6）在实验过程中培养学生严谨的科学态度，激发学生的学习热情。

工作任务

（1）EDTA标准溶液的配制及标定。
（2）用配位滴定方法解决实际问题：镍离子的测定等。
（3）数据处理。

任务活动过程

任务简介

由于EDTA具有相当强的配位能力，能与许多金属离子形成配合物，因此，EDTA配位滴定法应用比较广泛。在配位滴定中采用直接滴定法、返滴定法、置换滴定法和间接滴定法等不同的滴定方法，不仅可以扩大配位滴定的范围，而且还可以提高配位滴定的选择性。

任务目标

（1）独立操作 0.05mol/L EDTA 标准溶液的配制。
（2）能用氧化锌（ZnO）为基准物标定 EDTA 溶液，完成 EDTA 溶液标定操作、计算。
（3）能用 EDTA 标准溶液测定镍离子含量。
（4）了解 EDTA 测定不同金属离子的酸度条件。

任务准备

试剂与仪器

1. 试剂

0.05mol/L EDTA 标准溶液 500mL、基准氧化锌［(850±50)℃高温炉中灼烧至恒重］、1+1 盐酸溶液、10%氨水溶液、pH=10 氨-氯化铵缓冲溶液、5g/L 铬黑 T 指示剂、紫脲酸铵混合指示剂（1g 紫脲酸铵及 200g 干燥氯化钠混匀、研细）。

2. 仪器

50mL 聚四氟乙烯滴定管、100mL 小烧杯、250mL 容量瓶、10mL 量筒、100mL 量筒、25mL 移液管、锥形瓶、胶头滴管、玻璃棒等。

内容

任务一　EDTA 标准溶液的配制与标定

一、0.05mol/L EDTA 标准滴定溶液的配制

称取 20g 乙二胺四乙酸二钠，加入 1000mL 蒸馏水，加热溶解、冷却、摇匀，装入试剂瓶，贴上标签，配制成近似浓度的 EDTA 标准滴定稀溶液备用。

二、EDTA（0.05mol/L）标准滴定溶液标定

1. 操作步骤

称取 1.5g 于（850±50）℃高温炉中灼烧至恒重的工作基准试剂 ZnO（不得用去皮的方法，否则称量为零分）于 100mL 小烧杯中，用少量水润湿，加入 20mL HCl（1+1）溶解后，定量转移至 250mL 容量瓶中，用水稀释至刻度，摇匀。移取 25.00mL 上述溶液于 250mL 的

锥形瓶中（不得从容量瓶中直接移取溶液），加75mL水，用氨水溶液（10%）调溶液pH至7～8，加10mL NH_3-NH_4Cl缓冲溶液（pH≈10）及3～5滴铬黑T（5g/L），用待标定的EDTA溶液滴定至溶液由紫色变为纯蓝色。具体操作步骤见图8-1～图8-14。

图8-1　减量法称取基准氧化锌

图8-2　加20mL（1+1）盐酸盖上表面皿溶解

图8-3　溶解后用蒸馏水冲洗表面皿

图8-4　转移至250mL容量瓶中

图8-5　蒸馏水冲洗小烧杯、玻棒

图8-6　胶头滴管定容至刻线

平行测定4次，同时做空白实验。

2．数据记录

EDTA标准滴定溶液标定的数据记录于表8-1中。

任务一　EDTA标准溶液的配制与标定　　73

图8-7　基准ZnO溶液润洗移液管

图8-8　移取25.00mL基准氧化锌溶液于锥形瓶中

图8-9　氨水调pH至溶液浑浊

图8-10　加入10mL缓冲溶液

图8-11　加入3～5滴铬黑T指示剂

图8-12　加入指示剂后溶液颜色

图8-13　用待标定EDTA滴定

图8-14　滴定溶液颜色至纯蓝即为终点

3. 计算EDTA标准滴定溶液的浓度c（EDTA）。

计算公式 $$c(\text{EDTA})(\text{mol/L}) = \frac{m \times \frac{25.00}{250.0} \times 1000}{(V-V_0) \times 81.39} \tag{8-1}$$

式中 81.39——氧化锌的摩尔质量，g/mol。

表8-1　EDTA（0.05mol/L）标准滴定溶液标定的数据

项目	测定次数	1	2	3	4	备用
基准物称量	m（倾样前）/g					
	m（倾样后）/g					
	m（氧化锌）/g					
移取试液体积/mL						
容量瓶体积/mL						
滴定管初读数/mL						
滴定管终读数/mL						
标定EDTA溶液浓度时所消耗体积/mL						
体积校正值/mL						
溶液温度/℃						
温度补正值/（mL/L）						
溶液温度校正值/mL						
滴定时实际消耗EDTA溶液体积V/mL						
空白实验消耗EDTA溶液体积V_0/mL						
c/（mol/L）						
$\bar{c}$/（mol/L）						
相对平均偏差/%						

任务二　硫酸镍中镍含量的测定

一、操作步骤

称取硫酸镍液体样品xg，精确至0.0001g，加70mL蒸馏水，加入10mL氨-氯化铵缓冲溶液（pH=10）及0.2g紫脲酸铵混合指示剂，用标准滴定溶液[c（EDTA）=0.05mol/L]滴定至溶液呈蓝紫色即为终点，平行测定3次。同时做空白实验。操作步骤见图8-15～图8-24。

图8-15　待测硫酸镍试样

图8-16　减量法称取硫酸镍试样

图8-17　加入70mL蒸馏水

图8-18　加入10mL缓冲溶液（溶液呈天蓝色）

图8-19　称取0.2g紫脲酸铵混合指示剂

图8-20　加入紫脲酸铵指示剂（溶液呈土黄色）

图8-21　用EDTA标准溶液滴定

图8-22　终点颜色为蓝紫色

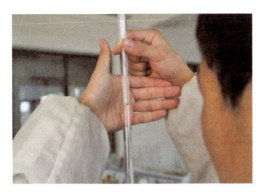

图8-23 读取消耗EDTA体积

图8-24 记录读数

二、数据记录与处理

数据记录于表8-2中。

表8-2 硫酸镍中镍含量的测定数据

项目	测定次数	1	2	3	备用
样品称量	m（倾样前）/g				
	m（倾样后）/g				
	m（硫酸镍）/g				
滴定管初读数/mL					
滴定管近终点1mL读数/mL					
滴定管终读数/mL					
标定EDTA溶液浓度所消耗体积/mL					
体积校正值/mL					
溶液温度/℃					
温度补正值/(mL/L)					
溶液温度校正值/mL					
滴定时实际消耗EDTA标准溶液体积V/mL					
空白实验消耗EDTA标准溶液体积V_0/mL					
c(EDTA)/(mol/L)					
w（镍）/(g/kg)					
$\overline{w}$（镍）/(g/kg)					
相对平均偏差/%					

三、计算镍的质量分数 w(Ni)

镍的质量分数（以g/kg表示）用下式计算

$$w(\text{Ni}) = \frac{c(V-V_0)M(\text{Ni})}{m \times 1000} \times 1000 \tag{8-2}$$

式中　$M(Ni)$——镍的摩尔质量，$M(Ni)=58.69g/mol$。

四、实验注意事项

（1）滴定速度不能过快，接近终点时要慢，以免滴定过量。

（2）Ni^{2+}与EDTA配位反应较慢，滴定速度不能过快，紫脲酸铵指示剂的用量影响滴定终点的颜色。

知识链接

配位滴定方法的选择

1. 直接滴定法

将试样处理成溶液后，调节酸度，再用EDTA直接滴定被测离子。直接滴定法必须符合以下几个条件：

（1）待测组分与EDTA的配位速率要很快，且该配合物的$\lg K'_{MY} > 8$。

（2）在选用的滴定条件下，必须有变色敏锐的指示剂，且不受共存离子的影响而发生"封闭"作用。

（3）在选用的滴定条件下，待测金属离子不发生其他反应。

2. 返滴定法

在试液中加入一定量且过量的EDTA标准滴定溶液，加热（或不加热）使待测离子与EDTA配位完全，然后调节溶液的pH，加入指示剂，以适当的金属离子标准滴定溶液作为返滴定剂滴定过量的EDTA。返滴定法适用于下列情况：

（1）采用直接滴定法时缺乏符合要求的指示剂，或者待测离子对指示剂有封闭作用。

（2）待测离子与EDTA的配位速率很慢。

（3）待测离子发生副反应，影响测定。

3. 置换滴定法

（1）置换出金属离子　当待测离子M与EDTA反应不完全，或形成的配合物不稳定时，可让M置换出另一配合物NL中的N，从而求得M的含量。

$$M + NL \rightleftharpoons ML + N$$
$$N + Y \rightleftharpoons NY$$

（2）置换出EDTA　将待测金属离子M与干扰离子全部用EDTA配位，加选择性高的配位剂L以夺取M，并释放出EDTA。再用另一标准溶液滴定释放出来的EDTA，可测出M的含量。

$$MY + L \rightleftharpoons ML + Y$$

4. 间接滴定法

用于测定某些与EDTA生成配合物不稳定的离子，如钠、钾等阳离子和SO_4^{2-}、PO_4^{3-}等阴离子。

项 目 总 结

技能点
- 配位滴定综合技能
- 减量法称量
- 容量瓶、移液管使用
- 滴定管的使用
- 配位滴定终点颜色判断
- 固体指示剂使用

知识点
- 溶液浓度计算
- 滴定管读数
- 实验数据记录
- 配位滴定方式

思 考 题

查阅资料，判断能否通过控制酸度，用配位滴定法连续测定铅、铋离子含量？试拟订实验方案。

要求学生在查阅分析资料、进行必要的计算等基础上独立完成实验方案设计，包括以下方面。

（1）需要用到的仪器（规格、数量）、试剂（浓度及配制、标定方法）。

（2）实验测定步骤：标准溶液标定方法；试样的称取或量取方法；加入辅助试剂及加入量；指示剂；产生的现象等。

（3）实验数据记录表及结果计算：写出计算公式、计算结果并求出相对平均偏差。

（4）实验注意事项。

学生在实验前设计实验方案，交实验指导教师审阅批准后方可进行实验操作，要求独立完成实验及实验报告。

项目九 高锰酸钾标定及H_2O_2含量测定

项目导入

氧化还原滴定法是以氧化还原反应为基础的容量分析方法，以溶液中氧化剂和还原剂之间的电子转移为基础，用氧化剂或还原剂为滴定剂，直接滴定一些具有还原性或氧化性的物质；或间接滴定一些本身没有氧化性，但能与某些氧化剂或还原剂起反应的物质。与酸碱滴定法和配位滴定法相比较，氧化还原滴定法应用非常广泛，它不仅可用于无机物分析，而且可以广泛用于有机物分析，许多具有氧化性或还原性的有机化合物可以用氧化还原滴定法来加以测定。氧化还原滴定法可以根据待测物质的性质来选择合适的滴定剂，常根据所用滴定剂的名称来命名，如常用的有高锰酸钾法、重铬酸钾法、碘量法、硫酸铈法、溴酸钾法等。各种方法都有其特点和应用范围，应根据实际情况正确选用。

学习目标

（1）能进行氧化还原滴定标准溶液的配制并标定。
（2）能熟练操作使用电子天平、滴定管、容量瓶、移液管等分析仪器。
（3）会正确选择使用指示剂，能熟练控制、准确判断氧化还原滴定终点。
（4）能设计实验方案，联系实际解决氧化还原滴定问题。
（5）能在实验中采取必要的安全防护措施，注意保护环境。
（6）在实验过程中培养学生严谨的科学态度，激发学生的学习热情。

工作任务

（1）高锰酸钾标准溶液的配制及标定。
（2）用氧化还原滴定方法解决实际问题：H_2O_2含量测定。
（3）数据处理，化学检验报告的编写。

任务活动过程

任务简介

过氧化氢俗称双氧水,分子式为H_2O_2,具有杀菌和漂白的作用。纯的H_2O_2为无色黏稠的液体,商品双氧水中过氧化氢的含量一般为30%。过氧化氢可以用作氧化剂,是合成强力消毒剂过氧乙酸的主要原料,可做绒布、皮革漂白剂。

在酸性溶液中H_2O_2是强氧化剂,但是遇到强氧化剂$KMnO_4$时,又表现为还原剂。因此,可以在酸性溶液中用$KMnO_4$标准溶液直接滴定测得H_2O_2的含量,以$KMnO_4$自身为指示剂。反应式为:

$$5H_2O_2+2MnO_4^-+6H^+ = 2Mn^{2+}+8H_2O+5O_2\uparrow$$

任务目标

(1) 独立操作$c(\frac{1}{5}KMnO_4)=0.1mol/L$的$KMnO_4$标准溶液配制。

(2) 能用草酸钠基准试剂为基准物标定$KMnO_4$标准溶液,完成$KMnO_4$标准溶液标定操作、计算。

(3) 能用$KMnO_4$标准溶液测定双氧水中过氧化氢含量。

(4) 体验$KMnO_4$自身指示剂、自动催化反应特点,并熟练掌握操作技能。

任务准备

试剂与仪器

1. 试剂

分析纯高锰酸钾固体、3mol/L硫酸溶液、双氧水(过氧化氢)试样、草酸钠基准试剂。

2. 仪器

250mL容量瓶、250mL锥形瓶4只、2mL移液管、25mL移液管、500mL烧杯一只、50mL聚四氟乙烯棕色滴定管一支、50mL量筒一只、0.1mg电子分析天平等。

内容

任务一 高锰酸钾标准溶液的配制与标定

高锰酸钾滴定法是利用高锰酸钾($KMnO_4$)标准溶液进行滴定的氧化还原滴定法。高锰酸钾滴定法的优点是氧化能力强,应用范围广;MnO_4^-本身有颜色,所以用它滴定无色或浅色物质的溶液时,一般不需要另加指示剂,使用方便。主要缺点是试剂常含有少量杂质,因而溶液不够稳定；又由于$KMnO_4$的氧化能力强，可以和很多还原性物质发生作用，所以干扰也较严重。

一、配制$c(\frac{1}{5}KMnO_4)$=0.1mol/L的$KMnO_4$标准溶液500mL

称取1.6g固体$KMnO_4$于500mL烧杯中，加入520mL蒸馏水使之溶解。盖上表面皿，在电炉上加热至沸腾，缓缓煮沸15min，冷却后置于暗处静置数天后，用P_{16}玻璃砂芯漏斗（该漏斗预先以同样浓度$KMnO_4$溶液煮沸5min）或玻璃纤维过滤，除去MnO_2等杂质，滤液贮存于干燥具玻璃塞的棕色试剂瓶中（试剂瓶用$KMnO_4$溶液洗涤2～3次），待标定（见图9-1～图9-5）。

图9-1　称取1.6g固体$KMnO_4$

图9-2　加适量蒸馏水溶解

图9-3　缓缓煮沸15min

图9-4　冷却后置于暗处静置数天

图9-5　P_{16}玻璃砂芯漏斗过滤

二、标定 $KMnO_4$ 溶液

准确称取 0.15～0.20g 基准物质 $Na_2C_2O_4$（准确至0.0001g），置于250mL锥形瓶中，溶于100mL硫酸溶液（8+92）中，用配制好的 $KMnO_4$ 溶液滴定，近终点时加热至65℃，趁热用 $KMnO_4$ 溶液继续滴定至溶液呈粉红色。注意滴定速度，开始时反应较慢，应在加入的一滴 $KMnO_4$ 溶液褪色后，再加入下一滴，滴定过程中速度可以稍快，近终点滴定速度再放慢。滴定至溶液呈粉红色且在30s内不褪色即为终点（见图9-6～图9-14）。记录消耗 $KMnO_4$ 溶液的体积，平行测定4次，同时做空白实验。

反应方程式为

$$5Na_2C_2O_4+2KMnO_4+8H_2SO_4 = 5Na_2SO_4+K_2SO_4+2MnSO_4+10CO_2\uparrow+8H_2O$$

图9-6　实验前准备

图9-7　减量法称取草酸钠基准物

图9-8　加100mL硫酸溶液（8+92）溶解

三、数据处理与记录

1. $KMnO_4$ 溶液标定计算公式

图9-9 滴定初加入KMnO₄后溶液颜色

图9-10 摇动锥形瓶至溶液褪至无色

图9-11 继续稍快滴定

图9-12 近终点加热至65℃（溶液有蒸汽出现）

图9-13 趁热继续滴定

图9-14 KMnO₄标定终点溶液颜色

$$c\left(\frac{1}{5}KMnO_4\right) = \frac{m(Na_2C_2O_4)}{M\left(\frac{1}{2}Na_2C_2O_4\right)[V(KMnO_4) - V_0] \times 10^{-3}} \quad (9\text{-}1)$$

式中 $c\left(\dfrac{1}{5}KMnO_4\right)$——KMnO₄标准溶液的浓度，mol/L；

$V(KMnO_4)$——滴定时消耗KMnO₄标准溶液的体积，mL；

V_0——空白实验时消耗KMnO₄标准溶液的体积，mL；

m（$Na_2C_2O_4$）——基准物$Na_2C_2O_4$的质量，g；

$M(\frac{1}{2}Na_2C_2O_4)$——以$\frac{1}{2}Na_2C_2O_4$为基本单元的$Na_2C_2O_4$的摩尔质量，g/L。

2. 试剂配制记录

试剂配制记录见表9-1。

表9-1 试剂配制记录

试剂名称			
配制依据		配制日期	
配制者		失效日期	
1. 准备工作			
试剂/试液名称	类别	批号	生产商
2. 配制步骤			
3. 复合 以上操作按_____执行，复合要求。复核人_____。			

3. 标准溶液标定记录

标准溶液标定记录见表9-2。

表9-2 标准溶液标定记录

标准溶液名称			浓度		
标定依据					
1. 标定方法					
2. 仪器、试剂					
3. 数据记录					

项目	测定次数	1	2	3	4
基准物质量	倾样前称量瓶质量/g				
	倾样后称量瓶质量/g				
	基准物质量/g				
滴定管初读数/mL					

续表

项目 \ 测定次数	1	2	3	4
终点时滴定管读数/mL				
体积校正/mL				
溶液温度/℃				
溶液体积温度校正值/mL				
空白实验消耗$KMnO_4$溶液体积/mL				
滴定时实际消耗$KMnO_4$溶液体积/mL				
标准滴定溶液c/（mol/L）				
平均值$\bar{c}$/（mol/L）				
相对平均偏差/%				

4．数据处理

5．分析结果

任务二　H_2O_2含量测定

一、过氧化氢含量的测定

准确量取2mL（或准确称取2g）30%过氧化氢试样，注入装有200mL蒸馏水的250mL容量瓶中，平摇一次，稀释至刻度，充分摇匀。

用移液管准确移取上述试液25.00mL，放于锥形瓶中，加3mol/L的H_2SO_4溶液20mL，用0.1mol/L $KMnO_4$标准溶液滴定（注意滴定速度）至溶液微红色保持30s不褪色即为终点（见图9-15～图9-22）。记录消耗$KMnO_4$标准溶液的体积，平行测定3次，同时做空白实验。

反应方程式为：

$$5H_2O_2+2KMnO_4+3H_2SO_4 =\!=\!= 2MnSO_4+K_2SO_4+8H_2O+5O_2\uparrow$$

图9-15　准确量取2mL30%过氧化氢试样于容量瓶中

图9-16　定容稀释至刻度

图9-17　准确移取25.00mL试样于锥形瓶中

图9-18　加20mL 3mol/L H_2SO_4溶液

图9-19　测定初加入$KMnO_4$后溶液颜色

图9-20　摇动锥形瓶至溶液褪至无色

图9-21　继续稍快滴定

图9-22　H_2O_2测定终点颜色

二、过氧化氢含量测定的计算公式

$$\rho(H_2O_2) = \frac{c(\frac{1}{5}KMnO_4)[V(KMnO_4)-V_0] \times 10^{-3} \times M(\frac{1}{2}H_2O_2)}{V \times \frac{25}{250}} \times 1000 \quad (9\text{-}2)$$

式中　$\rho(H_2O_2)$——过氧化氢的质量浓度，g/L；

　　　$c(\frac{1}{5}KMnO_4)$——$KMnO_4$溶液的浓度，mol/L；

　　　V_0——空白实验消耗$KMnO_4$标准溶液的体积，mL；

　　　$V(KMnO_4)$——滴定消耗$KMnO_4$标准溶液的体积，mL；

　　　$M(\frac{1}{2}H_2O_2)$——以$\frac{1}{2}H_2O_2$为基本单元的H_2O_2摩尔质量，g/mol；

　　　V——测定时量取的过氧化氢试液体积，mL。

$$\text{或}\omega(H_2O_2) = \frac{c(\frac{1}{5}KMnO_4)[V(KMnO_4)-V_0] \times 10^{-3} \times M(\frac{1}{2}H_2O_2)}{m \times \frac{25}{250}} \times 100\% \quad (9\text{-}3)$$

式中　$\omega(H_2O_2)$——过氧化氢的质量分数，%；

　　　m——过氧化氢试样的质量，g。

三、过氧化氢试样浓度（含量）测定记录

过氧化氢试样浓度（含量）测定记录见表9-3。

表9-3　过氧化氢试样浓度（含量）测定记录

1. 测定方法
2. 仪器、试剂
3. 测定依据、实验注意事项

续表

4. 数据记录

项目 \ 测定次数	标准滴定溶液名称	标准滴定溶液浓度/（mol/L）	
	1	2	3
移取 H_2O_2 试液体积/mL			
稀释所用容量瓶体积/mL			
移取稀释后溶液体积/mL			
滴定管初读数/mL			
终点时滴定管读数/mL			
体积校正/mL			
溶液温度/℃			
溶液体积温度校正值/mL			
空白实验消耗 $KMnO_4$ 溶液体积/mL			
滴定时实际消耗 $KMnO_4$ 溶液体积/mL			
浓度/（g/L）			
平均浓度/（g/L）			
相对平均偏差/%			
数据处理			

5. 分析结果

四、注意事项

（1）温度　将草酸钠的酸性溶液用配制好的高锰酸钾溶液滴定至将近终点时加热至65℃，继续滴定至溶液呈粉红色，并保持30s。

（2）酸度　反应需保持足够的酸度。要求滴定开始时酸度为0.5～1mol/L，滴定至终点时酸度不低于0.5mol/L，这样一方面提高反应速率，另一方面又可以防止生成 MnO_2。强酸介质通常采用 H_2SO_4，避免使用 HCl 和 HNO_3。因为 Cl^- 具有还原性，消耗一定量的 $KMnO_4$ 标准溶液，使滴定结果偏高；而 HNO_3 本身具有氧化性，也可以在一定程度上氧化被滴定的还原性物质，使滴定结果偏低。在弱酸性、中性或碱性溶液中，$KMnO_4$ 标准溶液与还原剂发生作用，本身被还原成褐色的水合二氧化锰（$MnO_2 \cdot H_2O$）沉淀，沉淀会妨碍滴定终点的观察。酸度过高会促使 $H_2C_2O_4$ 分解。

（3）催化剂　滴定反应中，生成的 Mn^{2+} 对反应起自动催化作用而加快反应速率。滴定前，如果在溶液中加入几滴 $MnSO_4$ 溶液，则滴定一开始，反应速率就比较快。

（4）滴定速度　高锰酸钾标定或 H_2O_2 测定开始反应很慢，当有 Mn^{2+} 生成以后，反应逐渐加快。因此开始滴定时，滴定速度不宜过快，滴定过程中，随着 MnO_4^- 红紫色的消失而不断地加快滴定速度，近终点时，必须慢慢滴加，以防过量。

（5）KMnO₄标准溶液应装在棕色酸性滴定管中，禁止装在碱式滴定管中，以防止KMnO₄溶液将乳胶管氧化，从而导致滴定失败。用完的滴定管及时清洗干净，以防残余的KMnO₄分解出MnO₂黏附于管壁上。

（6）终点的判断　以稍过量的KMnO₄溶液在溶液中呈淡粉红色并保持30s不褪色为终点。若时间过长，空气中的还原性物质、尘埃及溶液中的Mn^{2+}都可能使KMnO₄还原。

（7）读数　高锰酸钾为有色溶液，滴定管读数时弯月面不够清晰，视线应与液面两侧的最高点相切。

 知识链接

氧化还原滴定指示剂选择

能在氧化还原滴定化学计量点附近，使溶液颜色发生改变，指示滴定终点到达的一类物质就叫做氧化还原滴定指示剂。

氧化还原滴定指示剂分为以下三种类型。

1. 氧化还原指示剂

把本身具有氧化还原性而且其氧化型和还原型具有不同颜色的一些复杂有机化合物叫做氧化还原指示剂。这种类型的指示剂，其氧化型和还原型具有不同颜色。在滴定过程中，指示剂由氧化型变成还原型，或由还原型变为氧化型，根据颜色的改变来指示滴定终点。但氧化还原指示剂本身的氧化还原作用也要消耗一定的标准溶液，虽然这种消耗量很少，一般可以忽略不计，但在精确的滴定中则需要做空白校正，尤其是以0.01mol/L以下的极稀的标准溶液进行滴定时，更应考虑校正问题。

2. 自身指示剂

在氧化还原滴定中，有些标准溶液或被滴定物质本身有颜色，若反应后变成浅色甚至无色物质，则在滴定过程中，就不必加指示剂，它们本身的颜色变化物质起着指示剂的作用。把这种利用标准溶液或被滴定物质本身颜色的变化来指示滴定终点的指示剂叫做自身指示剂。

如：　MnO_4^-　→　Mn^{2+}　　　　I_3^-　→　I^-
　　　紫红　　　无色　　　　　　深棕色　　无色

3. 专属指示剂

指示剂本身不具有氧化还原性，但能与氧化剂或还原剂反应，产生特殊颜色来确定滴定终点的指示剂叫专属指示剂。如淀粉溶液遇I_3^-生成深蓝色的吸附化合物。

项 目 总 结

技能点	知识点
▶ 电子天平的使用	▶ 实验报告编写
▶ 减量法称量	▶ 滴定管读数
▶ 高锰酸钾溶液的配制、标定	▶ 实验数据记录

- 滴定分析仪器的使用
- 过氧化氢含量测定
- 氧化还原指示剂

思 考 题

（1）$KMnO_4$ 溶液浓度不稳定的因素有哪些？如何配制 $KMnO_4$ 待标溶液？

（2）$KMnO_4$ 溶液为什么应装在棕色滴定管中？说明读取滴定管中 $KMnO_4$ 溶液体积的正确方法。

（3）用 $Na_2C_2O_4$ 基准物标定 $KMnO_4$ 溶液浓度的条件有哪些？为什么用 H_2SO_4 溶液调节酸度？能否用 HCl 或 HNO_3 溶液？酸度或温度过高、过低对标定结果有何影响？

（4）在酸性条件下，以 $KMnO_4$ 溶液滴定 $Na_2C_2O_4$ 时，开始紫色褪去较慢，后来褪去较快，为什么？

（5）H_2O_2 与 $KMnO_4$ 反应较慢，能否通过加热溶液来加快反应速率？为什么？

（6）配制 $c(\frac{1}{5}KMnO_4)=0.10mol/L$ 溶液 1000mL，应称取 $KMnO_4$ 多少克？若以 $H_2C_2O_4 \cdot 2H_2O$ 为基准物质标定，应称取多少克 $H_2C_2O_4 \cdot 2H_2O$？

项目十　$Na_2S_2O_3$标准溶液的标定及胆矾中$CuSO_4$含量的测定

项目导入

氧化还原滴定法是以氧化还原反应为基础的容量分析方法,以溶液中氧化剂和还原剂之间的电子转移为基础,用氧化剂或还原剂为滴定剂,直接滴定一些具有还原性或氧化性的物质;或间接滴定一些本身没有氧化性,但能与某些氧化剂或还原剂起反应的物质。与酸碱滴定法和配位滴定法相比较,氧化还原滴定法应用非常广泛,它不仅可用于无机物分析,而且可以广泛用于有机物分析,许多具有氧化性或还原性的有机化合物可以用氧化还原滴定法来加以测定。本项目是间接碘量法应用,利用$Na_2S_2O_3$标准溶液来测定胆矾中$CuSO_4$的含量。

学习目标

（1）能进行$Na_2S_2O_3$标准溶液的配制并标定。
（2）能利用$Na_2S_2O_3$标准溶液来测定胆矾中$CuSO_4$的含量。
（3）能熟练操作使用电子天平、滴定管、容量瓶、移液管等分析仪器。
（4）会正确选择使用指示剂,能熟练控制、准确判断氧化还原滴定终点。
（5）能设计实验方案,联系实际解决氧化还原滴定问题。
（6）能在实验中采取必要的安全防护措施,注意保护环境。
（7）在实验过程中培养学生严谨的科学态度,激发学生的学习热情。

工作任务

（1）$Na_2S_2O_3$标准溶液的配制及标定。
（2）$Na_2S_2O_3$标准溶液测定胆矾中$CuSO_4$的含量。
（3）间接碘量法操作、碘量瓶的使用。
（4）数据处理,化学检验报告的编写。

任务活动过程

任务简介

胆矾的主要成分为 $CuSO_4 \cdot 5H_2O$，为蓝色结晶，在空气中易风化，溶于水，可用作纺织品媒染剂、农业杀虫剂、水的杀菌剂，并可用于镀铜。用硫代硫酸钠标准溶液可测定胆矾中 $CuSO_4 \cdot 5H_2O$ 含量。

测定时，将样品溶解后，在 H_2SO_4 介质中与过量的 KI 作用，析出的碘以淀粉为指示剂，用 $Na_2S_2O_3$ 标准溶液滴定。

$$2CuSO_4 + 4KI = 2CuI\downarrow + I_2 + 2K_2SO_4$$

$$2Na_2S_2O_3 + I_2 = Na_2S_4O_6 + 2NaI$$

由消耗 $Na_2S_2O_3$ 标准溶液的体积计算胆矾的含量。

任务目标

（1）独立操作 0.1mol/L $Na_2S_2O_3$ 标准溶液的配制。

（2）掌握用重铬酸钾为基准物标定 $Na_2S_2O_3$ 标准溶液的方法，完成 $Na_2S_2O_3$ 标准溶液标定、胆矾中 $CuSO_4$ 含量的测定操作和计算。

（3）独立完成间接碘量法操作，淀粉指示间接碘量法终点判断。

（4）解释间接碘量法滴定操作原理。

任务准备

试剂与仪器

1. 试剂

$c(Na_2S_2O_3)$=0.1mol/L 硫代硫酸钠标准溶液、基准试剂 $K_2Cr_2O_7$（在 140～150℃烘干至恒重）；分析纯 KI 固体；20% 硫酸溶液；5g/L 淀粉指示剂（称取 0.5g 可溶性淀粉放入小烧杯中，加入 10mL 水，使成糊状，在搅拌下倒入 90mL 沸水中，微沸 2min，冷却后转移至 100mL 试剂瓶中，贴好标签）。

2. 仪器

电子天平（精度 0.0001g）、滴定管（聚四氟乙烯酸碱通用，50mL）、碘量瓶（500mL，8 只）、烧杯（100mL，5 只）、容量瓶（100mL，5 个）、称量瓶、量筒（10mL、50mL 各一只）、托盘天平（精度 0.1g）。

内容

任务一　$Na_2S_2O_3$ 标准溶液的配制与标定

一、$c(Na_2S_2O_3)$=0.1mol/L 标准溶液的配制

称取硫代硫酸钠 $Na_2S_2O_3 \cdot 5H_2O$ 固体试剂13g（或8g无水硫代硫酸钠），溶于500mL水中，缓缓煮沸10min，冷却。放置两周过滤、标定。

二、$c(Na_2S_2O_3)$=0.1mol/L 标准溶液的标定

称取0.7g于（120±2）℃干燥至恒重的工作基准试剂重铬酸钾于小烧杯中，加适量水溶解后转移至100mL容量瓶中，定容。于容量瓶中移取25mL溶液置于500mL碘量瓶中，加25mL水，加2g碘化钾和20mL硫酸溶液（20%），摇匀，于暗处放置10min。加150mL水，用硫代硫酸钠溶液滴定，近终点时加5mL淀粉指示液（5g/L），继续滴定至溶液由蓝色变为亮绿色。平行做四份，同时做空白实验。具体操作步骤见图10-1～图10-21。

图10-1　试剂准备

图10-2　玻璃仪器洗净备用

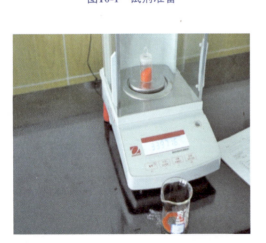

图10-3　减量法称取重铬酸钾基准物

图10-4　加适量蒸馏水溶解

图10-5 重铬酸钾基准物转移至100mL容量瓶中

图10-6 定容、摇匀备用

图10-7 移取25.00mL重铬酸钾溶液至碘量瓶

图10-8 加入25mL蒸馏水

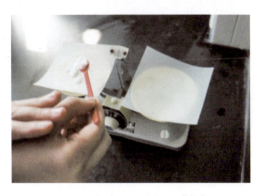

图10-9 托盘天平称取2g碘化钾

图10-10 加2g碘化钾于碘量瓶中

图10-11 加入20mL硫酸溶液（20%）

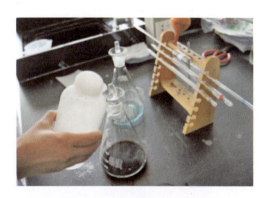

图10-12 盖上磨口塞后水封

任务一　$Na_2S_2O_3$标准溶液的配制与标定

图10-13　于暗处放置10min

图10-14　10min后用蒸馏水冲洗磨口塞

图10-15　加入150mL蒸馏水

图10-16　用硫代硫酸钠溶液滴定，慢摇快滴

图10-17　近终点1mL颜色

图10-18　加入2mL淀粉指示剂

图10-19　继续滴定（快摇慢滴）

图10-20　溶液由蓝色变为亮绿色即为滴定终点

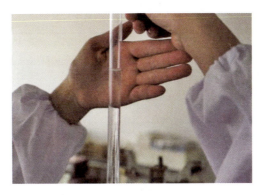

图10-21 读数、记录

三、计算公式

$$c(Na_2S_2O_3) = \frac{m \times 1000 \times \frac{25}{100}}{(V-V_0)M} \quad (10\text{-}1)$$

式中 $c(Na_2S_2O_3)$——硫代硫酸钠标准滴定溶液的浓度,mol/L;

　　　m——称取重铬酸钾的质量,g;

　　　V——硫代硫酸钠溶液实际消耗体积,mL;

　　　V_0——硫代硫酸钠溶液空白实验消耗体积,mL;

　　　M——重铬酸钾的摩尔质量,$M(\frac{1}{6}K_2Cr_2O_7)$=49.031 g/mol。

四、硫代硫酸钠标准溶液标定记录

硫代硫酸钠标准溶液标定数据记录于表10-1中。

表10-1 硫代硫酸钠标准溶液标定数据

标准溶液名称		浓度	
标定依据			
1. 标定方法			
2. 仪器、试剂			

续表

3. 数据记录

项目	测定次数	1	2	3	4	备用
基准物质量	倾样前称量瓶质量/g					
	倾样后称量瓶质量/g					
	基准物质量/g					
基准物移取体积/mL						
容量瓶体积/mL						
滴定管初读数/mL						
终点时滴定管读数/mL						
体积校正/mL						
溶液温度/℃						
溶液体积温度校正值/mL						
空白实验消耗$Na_2S_2O_3$溶液体积V_0/mL						
滴定时实际消耗$Na_2S_2O_3$溶液体积V/mL						
标准滴定溶液浓度c/(mol/L)						
平均值$\bar{c}$/(mol/L)						
相对平均偏差/%						

4. 数据处理

任务二　胆矾中$CuSO_4$含量的测定

一、胆矾中$CuSO_4$含量的测定

减量法称取适量胆矾样品，加少量水溶解后加于500mL碘量瓶中，加入80mL水、20%H_2SO_4溶液5mL、KI固体3g，迅速盖上瓶塞，摇匀。于暗处放置10min，此时出现CuI白色沉淀。用0.1mol/L硫代硫酸钠标准滴定溶液滴定，近终点时加5mL淀粉指示液（5g/L），继续滴定至溶液由蓝色恰好消失。平行做3份，同时做空白实验。具体操作见图10-22～图10-34。

图10-22　加试样于500mL碘量瓶中

图10-23　加入80mL蒸馏水

图10-24　加5mL硫酸溶液

图10-25　加入3g碘化钾

图10-26　盖上磨口塞后水封

图10-27　于暗处放置10min

图10-28　10min后用蒸馏水冲洗磨口塞

任务二　胆矾中CuSO$_4$含量的测定

图10-29 用硫代硫酸钠标准滴定溶液滴定

图10-30 近终点颜色

图10-31 近终点时加5mL淀粉指示液

图10-32 加入淀粉指示液后溶液颜色

图10-33 滴定至溶液由蓝色恰好消失即为终点

图10-34 读数、记录

二、计算公式

$$w(CuSO_4 \cdot 5H_2O) = \frac{c(Na_2S_2O_3)(V-V_0)M}{m_{试} \times 1000} \times 100\% \qquad (10\text{-}2)$$

式中　$w(CuSO_4 \cdot 5H_2O)$ ——胆矾样中硫酸铜的质量分数；

　　　$c(Na_2S_2O_3)$ ——硫代硫酸钠标准滴定溶液的浓度，mol/L；

　　　V ——硫代硫酸钠溶液实际消耗体积，mL；

　　　V_0 ——硫代硫酸钠溶液空白实验消耗体积，mL；

M ——五水硫酸铜的摩尔质量，$M(CuSO_4 \cdot 5H_2O) = 250 \text{g/mol}$；

$m_{试}$ ——称取胆矾样品的质量，g。

三、胆矾中 $CuSO_4$ 含量测定数据记录

胆矾中 $CuSO_4$ 含量测定数据记录于表10-2。

表10-2　胆矾中 $CuSO_4$ 含量测定数据记录

1. 测定方法				
2. 仪器、试剂				
3. 测定依据、实验注意事项				
4. 数据记录				
标准滴定溶液名称			标准滴定溶液浓度/(mol/L)	
项目 \ 测定次数		1	2	3
胆矾质量	倾样前称量瓶质量/g			
	倾样后称量瓶质量/g			
	胆矾质量/g			
滴定管初读数/mL				
终点时滴定管读数/mL				
体积校正/mL				
溶液温度/℃				
溶液体积温度校正值/mL				
空白实验消耗 $Na_2S_2O_3$ 溶液体积 V_0/mL				
滴定时实际消耗 $Na_2S_2O_3$ 溶液体积 V/mL				
硫酸铜含量（以 $CuSO_4 \cdot 5H_2O$ 计）/%				
平均硫酸铜含量/%				
相对平均偏差/%				
数据处理				

四、注意事项

（1）滴定时加入指示剂之前先"慢摇快滴"，加入指示剂之后"快摇慢滴"，间接碘量法指示剂淀粉要求在近终点1mL时加入，此时溶液呈稻草黄色。

（2）试样加入KI固体后应在暗处充分反应，碘量瓶用蒸馏水水封。

知识链接

一、$Na_2S_2O_3$标准溶液

新配制$Na_2S_2O_3$溶液不稳定原因：

（1）水中溶解的CO_2使其分解

$$S_2O_3^{2-}+CO_2+H_2O = HSO_3^- + HCO_3^- +S\downarrow$$

（2）空气的氧化作用

$$2S_2O_3^{2-}+O_2 = 2SO_4^{2-}+2S\downarrow$$

（3）水中微生物的作用

$$Na_2S_2O_3 \longrightarrow Na_2SO_3 + S\downarrow$$

用刚煮沸放冷的蒸馏水配制，加少量Na_2CO_3，使溶液的pH=9～10，于棕色瓶中放置7～10天后标定。

二、氧化还原滴定方法

1. 直接碘量法

测定硫化物、亚硫酸盐、亚砷酸盐、维生素C等强还原剂。

例：维生素C的测定

加入HAc使溶液保持弱酸性，以减少维生素C与其他氧化剂的作用。

终点：无色→蓝色。

2. 间接碘量法

（1）剩余碘量法　与过量I_2溶液发生定量反应的物质。通常作空白滴定，以消除试剂误差。

例：葡萄糖的测定

终点：蓝色→无色

$$A \sim nI_2 \sim 2n\,S_2O_3^{2-}$$

$$w(A)=\frac{\frac{1}{2n}\times c(Na_2S_2O_3)(V_{空白}-V_{回滴})\times \frac{M_A}{1000}}{S}\times 100\%$$

（2）置换碘量法　测定$KMnO_4$、$K_2Cr_2O_7$、KIO_4等强氧化剂，$CuSO_4$等。

例：$CuSO_4$的测定

$$2Cu^{2+}+4I^- = 2CuI\downarrow + I_2$$

用醋酸控制溶液的弱酸性，CuI沉淀能吸附I_2，使终点提前，滴定时应充分振摇。

终点：蓝色→浅粉色

项目总结

技能点
- 电子天平的使用
- 减量法称量
- 溶液的配制
- 滴定分析仪器的使用
- 硫代硫酸钠标定
- 淀粉专属指示剂的使用
- 碘量法测定$CuSO_4$

知识点
- 溶液浓度计算
- 碘量法
- 实验报告编写

思考题

（1）配制$Na_2S_2O_3$标准溶液时，说明下列做法的原因。
① 加入少量的Na_2CO_3；
② 配制好后放置几天。
（2）标定$Na_2S_2O_3$标准溶液时，说明下列做法的原因。
① 加入KI后放置10min；
② 滴定前加150mL水；
③ 近终点加入淀粉指示剂。

项目十一　化学需氧量的测定

项目导入

氧化还原滴定法是以氧化还原反应为基础的容量分析方法，以溶液中氧化剂和还原剂之间的电子转移为基础，用氧化剂或还原剂为滴定剂，直接滴定一些具有还原性或氧化性的物质；或间接滴定一些本身没有氧化性，但能与某些氧化剂或还原剂起反应的物质。与酸碱滴定法和配位滴定法相比较，氧化还原滴定法应用非常广泛，它不仅可用于无机物分析，而且可以广泛用于有机物分析，许多具有氧化性或还原性的有机化合物可以用氧化还原滴定法来加以测定。$KMnO_4$法测定化学需氧量（COD），适用于地表水、饮用水和生活污水中COD含量的测定，以该法测得的化学需氧量，以往称为COD_{Mn}，现在称为"高锰酸盐指数"。

学习目标

（1）能进行高锰酸钾标准溶液的配制并标定。
（2）能用$KMnO_4$标准溶液测定水样中化学需氧量（COD）。
（3）能熟练控制、准确判断氧化还原滴定终点。
（4）能设计实验方案，联系实际解决氧化还原滴定问题。
（5）能在实验中采取必要的安全防护措施，注意保护环境。
（6）在实验过程中培养学生严谨的科学态度，激发学生的学习热情。

工作任务

（1）高锰酸钾标准溶液的配制及标定。
（2）高锰酸钾标准溶液测定水样中化学需氧量（COD）含量。
（3）数据处理，化学检验报告的编写。

任务活动过程

任务简介

化学需氧量（COD）是1L水中还原性物质（无机的或有机的）在一定条件下被氧化时所消耗的氧含量。通常用COD_{Mn}（O_2，mg/L）来表示。它是反映水体被还原性物质污染的主要指标。还原性物质包括有机物、亚硝酸盐、亚铁盐和硫化物等，但多数水受有机物污染极为普遍，因此，化学需氧量可作为有机物污染程度的指标，目前它已经成为环境监测分析的主要项目之一。$KMnO_4$法测定化学需氧量（COD）适用于地表水、饮用水和生活污水中COD含量的测定，以该法测得的化学需氧量，以往称为COD_{Mn}，现在称为"高锰酸盐指数"。$KMnO_4$法测定化学需氧量COD_{Mn}只适用于较为清洁水样的测定。

任务目标

（1）掌握$Na_2C_2O_4$为基准物标定0.01mol/L $KMnO_4$标准溶液的方法，完成$KMnO_4$标准溶液标定操作、计算。

（2）独立完成$KMnO_4$标准溶液标定、减量法称量、水样COD测定操作，理解$KMnO_4$自动催化反应。

（3）学习水样沸水浴加热方法、回滴操作原理，水质分析的意义。

任务准备

试剂与仪器

1. 试剂

（1）$c(\frac{1}{5}KMnO_4)$=0.01mol/L的$KMnO_4$标准溶液 按GB/T 601—2016配制标定后，准确稀释10倍。

（2）硫酸溶液 1+3（体积）。

（3）$c(\frac{1}{2}Na_2C_2O_4)$=0.01mol/L的草酸钠标准溶液 准确称取0.20g草酸钠基准物，用少量水溶解，移至250mL容量瓶中，稀释至刻度，摇匀。

（4）草酸钠基准试剂。

2. 仪器

250mL锥形瓶（4只）、10mL吸量管（两支）、25mL移液管（一支）、50mL量筒（一只）、电炉（沸水浴）、100mL小烧杯（4只）、50mL聚四氟乙烯棕色滴定管（一支）。

任务一 高锰酸钾标准溶液的配制与标定

化学需氧量（COD）为水中有机物和无机还原性物质在一定条件下被强氧化剂氧化时

所消耗氧化剂的量，以氧的质量浓度（mg/L）表示。它可以条件性地说明水体被污染的程度，是控制水体污染的重要指标。在实验中，学习用$KMnO_4$法测定COD的原理和方法，液体试样取样的操作方法。

测定时，在酸性溶液中加入过量的$KMnO_4$标准溶液氧化水中的还原性物质，反应后剩余的$KMnO_4$中加入过量的$Na_2C_2O_4$还原，再用$KMnO_4$标准溶液回滴过量的$Na_2C_2O_4$，从而计算出水样中所含还原性物质所消耗的$KMnO_4$，换算为COD_{Mn}。反应式为：

$$MnO_4^- + 8H^+ + 5e = Mn^{2+} + 4H_2O$$
$$2MnO_4^- + 5C_2O_4^{2-} + 16H^+ = 2Mn^{2+} + 10CO_2\uparrow + 8H_2O$$

一、配制 $c(\frac{1}{5}KMnO_4)$=0.01mol/L 的 $KMnO_4$ 标准溶液 500mL

准备实验所需的仪器、试剂，见图11-1。量取 $c(\frac{1}{5}KMnO_4)$=0.1mol/L 标准溶液 50mL，以新煮沸且冷却的蒸馏水稀释至 500mL，备用。

图11-1　实验准备状态

二、$KMnO_4$ 标准溶液的标定

准确称取 0.25（1±10%）g 基准物质 $Na_2C_2O_4$（准确至 0.0001g），置于 100mL 小烧杯中，加适量蒸馏水溶解后，定量转移至 250mL 容量瓶中，以水稀释至刻度。准确移取 25.00mL 上述溶液于 250mL 锥形瓶中，加 50mL 蒸馏水，再加入 10mL 3mol/L 的 H_2SO_4 溶液，用配制好的高锰酸钾溶液滴定，近终点时加热至 65℃继续用 $KMnO_4$ 溶液滴定至溶液呈淡粉红色，并保持 30s，记录消耗 $KMnO_4$ 溶液的体积，同时做空白实验。注意滴定速度，开始时反应较慢，应在加入的一滴 $KMnO_4$ 溶液褪色后，再加入下一滴，滴定过程中速度可以稍快，近终点滴定速度再放慢（见图11-2～图11-19）。平行测定 4 次，同时做空白实验。

图11-2　准确称取基准$Na_2C_2O_4$

图11-3　加适量蒸馏水溶解

图11-4　转移至250mL容量瓶

图11-5　定容至刻线

图11-6　擦干容量瓶口、瓶塞

图11-7　摇匀备用

图11-8　草酸钠溶液润洗小烧杯、移液管

图11-9　准确移取25.00mL草酸钠溶液至锥形瓶

图11-10　草酸钠溶液中加50mL蒸馏水

图11-11　草酸钠溶液中加10mL硫酸（1+3）

任务一　高锰酸钾标准溶液的配制与标定

图11-12　滴定开始时溶液呈粉红色

图11-13　摇动至粉红色褪至无色

图11-14　继续用KMnO₄溶液滴定至近终点

图11-15　水浴加热至65℃

图11-16　继续滴定至溶液呈淡粉红色即为终点

图11-17　KMnO₄四次标定结果

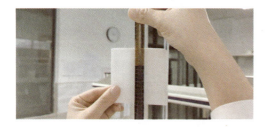

图11-18　读取消耗KMnO₄体积

图11-19　记录

三、计算公式

$$c(\frac{1}{5}KMnO_4) = \frac{m(Na_2C_2O_4)}{M(\frac{1}{2}Na_2C_2O_4)[V(KMnO_4)-V_0] \times 10^{-3}} \quad (11\text{-}1)$$

式中　$c(\frac{1}{5}KMnO_4)$——KMnO₄标准溶液的浓度，mol/L；

V_0——空白实验消耗$KMnO_4$标准溶液的体积,mL;

$V(KMnO_4)$——滴定时消耗$KMnO_4$标准溶液的体积,mL;

$m(Na_2C_2O_4)$——基准物$Na_2C_2O_4$的质量,g;

$M(\frac{1}{2}Na_2C_2O_4)$——以$\frac{1}{2}Na_2C_2O_4$为基本单元的$Na_2C_2O_4$的摩尔质量,g/mol。

四、$KMnO_4$标准溶液标定记录

$KMnO_4$标准溶液标定数据记录于表11-1。

表11-1　$KMnO_4$标准溶液标定数据

标准溶液名称			浓度			
标定依据						
1. 标定方法						
2. 仪器、试剂						
3. 数据记录						
项目 \ 测定次数		1	2	3	4	备用
基准物质量	倾样前称量瓶质量/g					
	倾样后称量瓶质量/g					
	基准物质量m/g					
基准物移取体积/mL						
容量瓶体积/mL						
滴定管初读数/mL						
终点时滴定管读数/mL						
体积校正/mL						
溶液温度/℃						
溶液体积温度校正值/mL						
空白实验消耗$KMnO_4$溶液体积/mL						
滴定时实际消耗$KMnO_4$溶液体积/mL						
标准滴定溶液c/(mol/L)						
平均值$\bar{c}$/(mol/L)						
相对平均偏差/%						
4. 数据处理						

任务二　化学需氧量的测定

一、化学需氧量的测定

移取50mL水样于锥形瓶中，加10mL 3mol/L硫酸溶液，再准确加入10.00mL 0.01mol/L高锰酸钾标准滴定溶液。在电炉上慢慢加热至沸腾后，再煮沸5min，水样应为粉红色或红色。若为无色，则再加10.00mL 0.01mol/L高锰酸钾标准滴定溶液，将锥形瓶放在沸水浴上加热10min，若此时红色褪去，说明水样中的有机物含量较多，应补加适量$KMnO_4$标准溶液至试样呈现稳定红色，记录$KMnO_4$标准溶液体积（图11-20～图11-25）。

图11-20　准确移取50.00mL水样至锥形瓶

图11-21　加入10mL硫酸（1+3）

图11-22　准确加入10.00mL $KMnO_4$标准溶液

图11-23　水样加$KMnO_4$标准溶液后颜色

图11-24　水样沸水浴加热10min

图11-25　沸水浴后水样颜色

取下锥形瓶，趁热加入10.00mL $c(\frac{1}{2}Na_2C_2O_4)$ 约为0.01mol/L的草酸钠标准溶液，摇匀，此时溶液应呈无色。用 $c(\frac{1}{5}KMnO_4)$ =0.01mol/L的 $KMnO_4$ 标准溶液滴至淡粉红色为终点，平行测定3次，同时做空白实验（图11-26～图11-30）。

图11-26　趁热加入10.00mL草酸钠标准溶液

图11-27　用 $KMnO_4$ 溶液滴定至淡粉红色为终点

图11-28　读取消耗 $KMnO_4$ 标准溶液体积

图11-29　记录读数

图11-30　水样三次测定结果

二、计算公式

水样中化学需氧量（COD）（以 O_2 计）质量浓度，单位为mg/L，按下式计算：

$$COD=\frac{c(\frac{1}{5}KMnO_4)V(KMnO_4)-c(\frac{1}{2}Na_2C_2O_4)[V(Na_2C_2O_4)-V_0]}{V_{水样}}\times\frac{M}{4}\times 10^3 \quad (11\text{-}2)$$

式中　$V(KMnO_4)$——消耗高锰酸钾标准滴定溶液的体积（加入量与滴定量的体积之和），mL；

$V(Na_2C_2O_4)$——加入 $Na_2C_2O_4$ 标准溶液的体积，mL；

V_0——空白实验消耗高锰酸钾标准溶液的体积，mL；

$c(\frac{1}{5}KMnO_4)$——高锰酸钾标准滴定溶液的浓度，mol/L；

$c(\frac{1}{2}Na_2C_2O_4)$——$Na_2C_2O_4$ 标准溶液的浓度，mol/L；

$V_{水样}$——水样的体积，mL；

M——氧气（O_2）的摩尔质量，g/mol。

三、水样中COD测定记录

水样中COD测定数据见表11-2。

表11-2　水样中COD测定数据

1. 测定方法				
2. 仪器、试剂				
3. 测定依据、实验注意事项				
4. 数据记录				
标准滴定溶液名称	标准滴定溶液浓度/（mol/L）			
项目　　　　测定次数	1	2	3	备用
水样体积/mL				
滴定管初读数/mL				
加入 $KMnO_4$ 体积/mL				
终点时滴定管读数/mL				
体积校正/mL				
溶液温度/℃				
溶液体积温度校正值/mL				
空白实验消耗 $KMnO_4$ 溶液体积/mL				
滴定时实际消耗 $KMnO_4$ 溶液体积/mL				
COD含量/（mg/L）				
COD平均含量/（mg/L）				
相对平均偏差/%				
数据处理				

四、操作注意事项

（1）加热速度要慢，不能暴沸，使样品中被测物质挥发、分解，引起样品损失。
（2）煮沸时间不能少于5min，以使高锰酸钾与还原性物质反应完全。
（3）加入草酸钠时，温度要控制在60～80℃，温度过低，反应速率慢。
（4）每次加入高锰酸钾量要精确。
（5）滴定时滴1～2滴高锰酸钾红色褪去后，可加快滴定速度。

知识链接

一、高锰酸盐指数

高锰酸盐指数是反映水体中有机物及无机可氧化物质污染的常用指标，以往称为COD_{Mn}。定义为：在一定条件下，用高锰酸钾氧化水中的某些有机物及无机还原性物质，由消耗的高锰酸钾量计算相当的氧量。GB/T 11892—1989中规定了水质高锰酸盐指数的测定。

二、COD_{Cr}

化学需氧量简称COD，用重铬酸钾标准溶液氧化水中的还原性物质计算得水体中的化学需氧量，称为COD_{Cr}。

测定时，在酸性溶液中，加入过量的$K_2Cr_2O_7$标准溶液氧化水中的还原性物质，过量的$K_2Cr_2O_7$标准溶液以试亚铁灵作指示剂，用$(NH_4)_2Fe(SO_4)_2$标准溶液返滴定。根据用去的$K_2Cr_2O_7$标准溶液和$(NH_4)_2Fe(SO_4)_2$标准溶液的量，计算出水样中的化学需氧量。HJ 828—2017中规定了水质化学需氧量的重铬酸钾测定方法。

项 目 总 结

技能点

- 电子天平的使用
- 减量法称量
- 溶液的配制
- 滴定管的使用
- 移液管使用
- $KMnO_4$标准溶液标定
- 水样COD测定

知识点

- 溶液浓度计算
- 高锰酸盐指数计算
- COD含义
- 实验数据记录

素 质 拓 展

2005年8月，在湖州安吉考察时，时任浙江省委书记习近平提出了绿水青山就是金山银山的科学理念。2017年10月，在党的十九大报告中，习近平总书记指出必须树立和践行绿水青山就是金山银山的理念，坚持节约资源和保护环境的基本国策。

2021年10月，在《生物多样性公约》第十五次缔约方大会领导人峰会上的主旨讲话中，习近平总书记指出良好生态环境既是自然财富，也是经济财富，关系经济社会发展潜力和后劲。我们要加快形成绿色发展方式，促进经济发展和环境保护双赢，构建经济与环境协同共进的地球家园。

思 考 题

（1）用 $Na_2C_2O_4$ 标定 $KMnO_4$ 标准溶液时，为什么必须在 H_2SO_4 存在下进行？可否用 HCl 或 HNO_3 溶液？酸度过高、过低对标定结果有何影响？

（2）水样如何采取和保存？测定水中 COD 的意义是什么？测定原理是什么？查找其它测定水中 COD 方法的资料。

（3）称取 0.2015g 基准试剂 $Na_2C_2O_4$，溶于水后，加入适量 H_2SO_4 酸化，然后在加热情况下用 $KMnO_4$ 溶液滴定，用去 28.15mL。求 $KMnO_4$ 溶液的物质的量浓度 $[M(\frac{1}{2}NaC_2O_4) = 66.99]$。

$$2MnO_4^- + 5C_2O_4^{2-} + 16H^+ = 2Mn^{2+} + 10CO_2\uparrow + 8H_2O$$

项目十二　硝酸银标准溶液的制备及水中氯离子含量的测定

 项目导入

沉淀滴定法是以沉淀反应为基础的滴定分析方法。沉淀反应很多，但作为沉淀滴定基础的沉淀反应必须满足以下条件：沉淀反应速率大；没有过饱和现象；反应必须按着一个固定的反应式定量地完成；生成的沉淀溶解度小；有合适的指示剂；沉淀对杂质的吸附不妨碍终点的观察。目前，比较有实际意义的是生成难溶性银盐的沉淀反应。而根据选择的指示剂不同，相应地建立了三种具体方法：用铬酸钾作为指示剂的银量法，称为莫尔法；用铁铵矾作为指示剂的银量法，称为佛尔哈德法；用吸附指示剂确定终点的银量法，称为法扬司法。

 学习目标

（1）能进行沉淀滴定所需标准溶液的配制并标定。
（2）能分别应用莫尔法测定氯离子含量，佛尔哈德法测定氯离子含量。
（3）会正确选择使用指示剂，能熟练控制、准确判断沉淀滴定终点。
（4）能设计实验方案，联系实际解决沉淀滴定问题。
（5）能在实验中采取必要的安全防护措施，注意保护环境。
（6）在实验过程中培养学生严谨的科学态度，激发学生的学习热情。

 工作任务

（1）硝酸银标准溶液的配制及标定。
（2）用沉淀滴定方法解决实际问题：水中氯离子含量的测定。
（3）数据处理。

任务活动过程

任务简介

天然水中一般都含有氯化物，主要以钠、钙、镁的盐类存在。天然水用漂白粉消毒或加入凝聚剂 $AlCl_3$ 处理时也会带入一定量的氯化物，因此饮用水中常含有一定量的氯化物，一般要求饮用水中氯化物含量不得超过 200mg/L。工业用水含有氯化物对锅炉、管道有腐蚀作用，化工原料用水中含有氯化物会影响产品质量。可溶性氯化物含量的测定常采用莫尔法。在中性或弱碱性溶液中，以铬酸钾（K_2CrO_4）为指示剂，用 $AgNO_3$ 标准溶液直接滴定水样中的 Cl^-。

任务目标

（1）独立操作 0.05mol/L $AgNO_3$ 标准溶液的配制。
（2）掌握用 NaCl 为基准物标定 $AgNO_3$ 标准溶液的方法，完成 $AgNO_3$ 标准溶液标定操作、计算。
（3）用莫尔法测定饮用水中可溶性氯化物含量。
（4）解释莫尔法沉淀滴定操作原理。

任务准备

试剂与仪器

1. 试剂

基准干燥 NaCl、分析纯硝酸银、铬酸钾。

2. 仪器

聚四氟乙烯棕色滴定管、250mL 锥形瓶、250mL 容量瓶、25mL 移液管、50mL 量筒、100mL 小烧杯、500mL 试剂瓶、称量瓶、电子分析天平、托盘天平等。

内容

任务一　硝酸银标准溶液的制备及标定

一、配制 c（$AgNO_3$）=0.05mol/L 的 $AgNO_3$ 溶液 500mL

计算、称取硝酸银固体 4.2g，溶于 500mL 不含 Cl^- 的蒸馏水中，贮存于带玻璃塞的棕色试剂瓶中，摇匀，置于暗处，待标定（见图 12-1～图 12-5）。

图12-1 实验准备

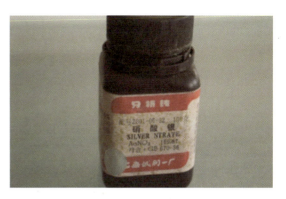

图12-2 分析纯硝酸银

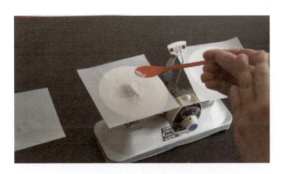

图12-3 称量计算的硝酸银固体

图12-4 溶解

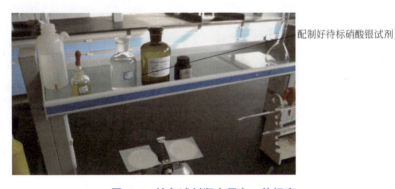

配制好待标硝酸银试剂

图12-5 棕色试剂瓶中保存,待标定

二、0.05mol/LAgNO₃标准溶液标定

准确称取0.6～0.75gNaCl基准试剂于小烧杯中,用蒸馏水溶解后,转移到250mL容量瓶中,稀释到刻度,摇匀(图12-6～图12-9)。

用移液管移取25.00mLNaCl溶液放于250mL锥形瓶中,加入25mL蒸馏水,加0.5mLK₂CrO₄指示剂,用AgNO₃标准溶液滴定至溶液呈砖红色即为终点。记录AgNO₃标准溶液的体积。平行测定4次(图12-10～图12-16),同时做空白实验。

图12-6　减量法称取NaCl基准物

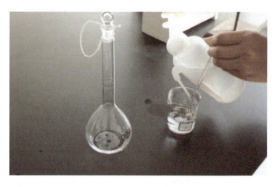

图12-7　加无Cl⁻蒸馏水溶解

图12-8　转移至250mL容量瓶

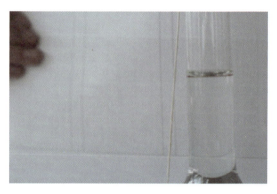

图12-9　定容至刻度

图12-10　移取25.00mL溶液至锥形瓶

图12-11　加25mL无Cl⁻蒸馏水

图12-12　加入铬酸钾指示剂

图12-13　用硝酸银标准溶液标定

图12-14 终点溶液呈砖红色

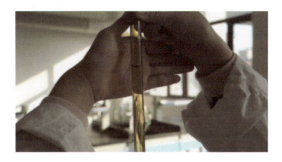

图12-15 读取滴定终点体积

图12-16 记录滴定温度、消耗标准溶液体积

三、计算公式

$$c(\text{AgNO}_3) = \frac{m(\text{NaCl})}{M(\text{NaCl})[V(\text{AgNO}_3) - V_0] \times 10^{-3}} \quad (12\text{-}1)$$

式中 $c(\text{AgNO}_3)$——AgNO$_3$溶液浓度，mol/L；

$m(\text{NaCl})$——称取基准试剂NaCl的质量，g；

$M(\text{NaCl})$——NaCl的摩尔质量，g/mol；

$V(\text{AgNO}_3)$——滴定时消耗AgNO$_3$溶液的体积，mL；

V_0——空白实验消耗AgNO$_3$溶液的体积，mL。

四、数据记录

1. 试剂配制记录

试剂配制记录于表12-1中。

表12-1 试剂配制记录

试剂名称				
配制依据			配制日期	
配制者			失效日期	
1. 准备工作				
试剂/试液名称	类别		批号	生产商
2. 配制步骤				
3. 复核				
以上操作按_____执行，符合要求。复核人_____。				

任务一 硝酸银标准溶液的制备及标定

2. AgNO₃ 标准溶液标定记录

AgNO₃ 标准溶液标定记录于表 12-2 中。

表 12-2　AgNO₃ 标准溶液标定记录

标准溶液名称				浓度		
标定依据						

1. 标定方法

2. 仪器、试剂

3. 数据记录

项目		测定次数	1	2	3	4
基准物质量	倾样前称量瓶质量/g					
	倾样后称量瓶质量/g					
	基准物质量/g					
滴定管初读数/mL						
终点时滴定管读数/mL						
体积校正/mL						
溶液温度/℃						
溶液体积温度校正值/mL						
空白实验消耗 AgNO₃ 溶液体积/mL						
滴定时实际消耗 AgNO₃ 溶液体积/mL						
标准滴定溶液 c/(mol/L)						
平均值 $\bar{c}$/(mol/L)						
相对平均偏差/%						

4. 数据处理

5. 分析结果

任务二 水中氯离子含量的测定

一、水样中氯离子含量的测定

准确吸取含氯化物的水样25.00mL置于250mL锥形瓶中,加入0.5mL K_2CrO_4 指示剂,在不断摇动下,用0.05mol/L $AgNO_3$ 标准溶液滴定至溶液呈砖红色即为终点。记录 $AgNO_3$ 标准溶液的体积。平行测定3次(见图12-17～图12-24),同时做空白实验。

图12-17　准确移取25.00mL水样至锥形瓶

图12-18　加入铬酸钾指示剂

图12-19　水样加入指示剂后呈现的颜色

图12-20　用硝酸银标准溶液滴定

图12-21　近终点时滴加硝酸银后呈现的颜色

图12-22 测定终点溶液颜色

图12-23 读取测定温度

图12-24 读取滴定终点体积、记录

二、计算公式

氯离子的质量浓度按下式计算：

$$\rho(\text{Cl}^-) = \frac{c(\text{AgNO}_3)[V(\text{AgNO}_3) - V_0]M(\text{Cl})}{V} \times 1000 \quad (12\text{-}2)$$

式中　$\rho(\text{Cl}^-)$——水样中氯的质量浓度，mg/L；

　　　$c(\text{AgNO}_3)$——AgNO_3溶液浓度，mol/L；

　　　V_0——空白实验消耗AgNO_3溶液的体积，mL；

　　　$V(\text{AgNO}_3)$——滴定时消耗AgNO_3溶液的体积，mL；

　　　$M(\text{Cl})$——Cl的摩尔质量，g/mol；

　　　V——移取水样的体积，mL。

三、数据记录

水样中氯离子含量的测定记录见表12-3。

表12-3　水样中氯离子含量的测定记录

1. 测定方法
2. 仪器、试剂
3. 测定依据、实验注意事项

续表

4. 数据记录				
标准滴定溶液名称		标准滴定溶液浓度/(mol/L)		
项目 \ 测定次数	1	2		3
移取水样体积/mL				
滴定管初读数/mL				
终点时滴定管读数/mL				
体积校正/mL				
溶液温度/℃				
溶液体积温度校正值/mL				
空白实验消耗AgNO₃溶液体积/mL				
滴定时实际消耗AgNO₃溶液体积/mL				
浓度/(mg/L)				
平均浓度/(mg/L)				
相对平均偏差/%				
数据处理				
5. 分析结果				

四、注意事项

（1）$AgNO_3$ 试剂及其溶液具有腐蚀性，破坏皮肤组织，注意切勿接触皮肤及衣服。

（2）配制 $AgNO_3$ 标准溶液的蒸馏水应无 Cl^-，否则配成的 $AgNO_3$ 溶液会出现白色浑浊，不能使用。

（3）实验前应初步知道水试样中的氯含量，以便估计取样量和选定 $AgNO_3$ 标准溶液的浓度。

（4）装 $AgNO_3$ 标准溶液的滴定管用完后应及时洗涤干净。

知识链接

沉淀滴定法的适用条件

用于沉淀滴定法的沉淀反应应该满足下列条件。

① 沉淀反应按一定化学反应进行，无副反应，反应完全，溶度积要小。
② 沉淀反应速率快。
③ 有合适的指示剂指示终点。
④ 沉淀无吸附或吸附不影响滴定。

项目总结

技能点
- 硝酸银标准溶液的制备与标定
- 莫尔法测定水中Cl^-
- 滴定分析操作技能

知识点
- 沉淀滴定条件
- 莫尔法应用条件
- 实验数据处理

思考题

（1）莫尔法测定Cl^-时，溶液的pH值为什么控制在6.5～10.5？

（2）指示剂K_2CrO_4的浓度过大或过小对测定结果有何影响？

（3）移取NaCl溶液20.00mL，用0.1008mol/L $AgNO_3$溶液27.00mL，滴定至终点，求此每升溶液中含NaCl多少克？

（4）把250gNaCl放入大水桶中，用水溶解充满后混匀，取出100mL溶液。用0.05028mol/L $AgNO_3$标准溶液32.24mL滴定至终点，试计算大水桶的容积。

项目十三 酱油中NaCl含量的测定

项目导入

沉淀滴定法是以沉淀反应为基础的滴定分析方法。沉淀反应很多，但作为沉淀滴定基础的沉淀反应必须具备以下条件：沉淀反应速率大，没有过饱和现象；反应必须按着一个固定的反应式定量地完成；生成的沉淀溶解度小；有合适的指示剂；沉淀对杂质的吸附不妨碍终点的观察。目前，比较有实际意义的是生成难溶性银盐的沉淀反应。利用佛尔哈德法可测定酱油中NaCl含量。

学习目标

（1）能进行$AgNO_3$和NH_4SCN标准溶液的配制与标定。
（2）能用佛尔哈德法测定酱油中NaCl含量。
（3）会正确选择使用指示剂，能熟练控制、准确判断沉淀滴定终点。
（4）能设计实验方案，联系实际解决沉淀滴定问题。
（5）能在实验中采取必要的安全防护措施，注意保护环境。
（6）在实验过程中培养学生严谨的科学态度，激发学生的学习热情。

工作任务

（1）$AgNO_3$和NH_4SCN标准溶液的配制及标定。
（2）测定酱油中NaCl含量。
（3）数据处理。

任务活动过程

任务简介

酱油俗称豉油，主要由大豆、淀粉、小麦、食盐经过制油、发酵等程序酿制而成。酱油的成分比较复杂，除食盐的成分外，还有多种氨基酸、糖类、有机酸、色素及香料等成分。

以咸味为主，亦有鲜味、香味等。它能增加和改善菜肴的口味，还能增添或改变菜肴的色泽。

食盐是酱油的主要成分之一，酱油一般含食盐18g/100mL左右，它赋予酱油咸味，补充了体内所失的盐分。本项目用佛尔哈德法测定酱油中食盐含量。

在HNO_3介质中，加入一定量过量的$AgNO_3$标准溶液，加铁铵矾指示剂，用NH_4SCN标准溶液返滴定过量的$AgNO_3$至出现$[Fe(SCN)]^{2+}$红色指示终点。计算出酱油中NaCl含量。

$$Cl^- + Ag^+ = AgCl \downarrow$$
$$Ag^+ + SCN^- = AgSCN \downarrow$$
$$Fe^{3+} + SCN^- = [Fe(SCN)]^{2+}$$

任务目标

（1）能用佛尔哈德法进行$AgNO_3$和NH_4SCN标准溶液的标定操作、计算。

（2）能用佛尔哈德法进行酱油中NaCl含量的测定操作、计算。

（3）解释佛尔哈德法应用过程中酸度条件及测定原理。

任务准备

试剂与仪器

1. 试剂

16mol/L（浓）和6mol/L HNO_3溶液、0.02mol/L $AgNO_3$标准溶液、邻苯二甲酸二丁酯、0.02mol/L NH_4SCN标准溶液、80g/L铁铵矾指示剂、NaCl基准物。

2. 仪器

滴定用一般仪器。

内　容

任务一　$AgNO_3$、NH_4SCN标准溶液的配制与标定

一、配制$c(AgNO_3)=0.02mol/L$的$AgNO_3$溶液500mL

称取1.7g $AgNO_3$溶于500mL不含Cl^-的蒸馏水中（或取0.1mol/L的$AgNO_3$溶液100mL稀释至500mL），将溶液贮存于带玻璃塞的棕色试剂瓶中，摇匀，放置于暗处，待标定（图13-1）。

二、配制$c(NH_4SCN)=0.02mol/L$的NH_4SCN溶液500mL

取0.1mol/L的NH_4SCN溶液100mL稀释至500mL，贮存于试剂瓶中，摇匀，待标定（图13-1）。

图13-1 实验准备

三、佛尔哈德法标定 $AgNO_3$ 溶液和 NH_4SCN 溶液

1. 测定 $AgNO_3$ 溶液和 NH_4SCN 溶液的体积比 K

用移液管准确移取25.00mL（V_1）$AgNO_3$溶液于锥形瓶中，加入5mL 6mol/L HNO_3溶液，加1mL铁铵矾指示剂，在剧烈摇动下，用NH_4SCN溶液滴定，直至出现淡红色并继续振荡不再消失为止。记录消耗NH_4SCN溶液的体积（V_2）。计算1mLNH_4SCN溶液相当于$AgNO_3$溶液的体积，以K表示，平行测定3次（图13-2～图13-6）。

$$计算公式：K=\frac{V_1}{V_2} \qquad (13-1)$$

图13-2 移取25.00mL硝酸银溶液于锥形瓶中

图13-3 加5mL 6mol/LHNO_3溶液

图13-4 加1mL铁铵矾指示剂

图13-5 用硫氰酸铵溶液滴定

图13-6　平行测定3次终点颜色

2. 用佛尔哈德法标定$AgNO_3$溶液

准确称取0.25～0.30g基准物质NaCl,用水溶解,移入250mL容量瓶中,稀释定容,摇匀。准确吸取25.00mLNaCl溶液于锥形瓶中,加入5mL 6mol/L的HNO_3溶液,在剧烈摇动下,用移液管准确加入50.00mL(V_3)$AgNO_3$溶液(此时生成AgCl沉淀),加入1mL铁铵矾指示剂,加5mL邻苯二甲酸二丁酯,用NH_4SCN溶液滴定,直至出现淡红色并在轻微振荡下不再消失为终点。记录消耗NH_4SCN溶液的体积(V_4),

平行测定4次(见图13-7～图13-17)。

图13-7　称取基准NaCl

图13-8　加适量蒸馏水溶解

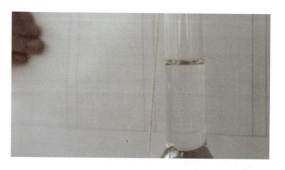

图13-9　转移至250mL容量瓶

图13-10　定容至刻线

图13-11　移取25.00mLNaCl溶液至锥形瓶

图13-12　加入5mL 6mol/L HNO_3

图13-13　准确加入50.00mL AgNO₃溶液

图13-14　加入1mL铁铵矾指示剂

图13-15　加5mL邻苯二甲酸二丁酯

图13-16　用NH₄SCN溶液滴定

图13-17　佛尔哈德法标定AgNO₃溶液终点颜色

四、计算公式

$$c(\text{AgNO}_3) = \frac{m(\text{NaCl}) \times \dfrac{25}{250}}{M(\text{NaCl})(V_3 - V_4 K) \times 10^{-3}} \quad (13\text{-}2)$$

$$c(\text{NH}_4\text{SCN}) = c(\text{AgNO}_3) K$$

式中　$c(\text{AgNO}_3)$——AgNO₃标准溶液浓度，mol/L；

$m(\text{NaCl})$——称取基准物质NaCl质量，g；

$M(\text{NaCl})$——NaCl摩尔质量，g/mol；

$c(\text{NH}_4\text{SCN})$——NH₄SCN标准溶液浓度，mol/L；

V_3——$AgNO_3$溶液的体积,mL;

V_4——消耗NH_4SCN溶液的体积,mL;

V——1mL NH_4SCN溶液相当于$AgNO_3$溶液的体积。

五、数据记录

1. 试剂配制记录

试剂配制记录见表13-1。

表13-1　试剂配制记录

试剂名称			
配制依据		配制日期	
配制者		失效日期	
1. 准备工作			
试剂/试液名称	类别	批号	生产商
2. 配制步骤			
3. 复核　　　　　以上操作按＿＿＿＿＿执行,符合要求。复核人＿＿＿。			

2. 测定$AgNO_3$溶液和NH_4SCN溶液的体积比K

测定$AgNO_3$溶液和NH_4 SCN溶液的体积比K实验数据记录于表13-2中。

表13-2　实验数据记录

标准溶液名称		浓度	
测定依据			
1. 测定方法			
2. 仪器、试剂			

3. 数据记录

项目 \ 测定次数	1	2	3	4
移取 $AgNO_3$ 溶液体积/mL				
滴定管初读数/mL				
终点时滴定管读数/mL				
体积校正/mL				
溶液温度/℃				
溶液体积温度校正值/mL				
滴定时实际消耗 NH_4SCN 溶液体积/mL				
体积比 K				
平均体积比 K				
相对平均偏差/%				

3. 佛尔哈德法标定 $AgNO_3$ 溶液

佛尔哈德法标定 $AgNO_3$ 溶液数据见表 13-3。

表 13-3 佛尔哈德法标定 $AgNO_3$ 溶液实验数据

标准溶液名称			浓度	
标定依据				

1. 标定方法

2. 仪器、试剂

3. 数据记录

项目		测定次数	1	2	3	4
基准物质量	倾样前称量瓶质量/g					
	倾样后称量瓶质量/g					
	基准物质量/g					
移取 NaCl 溶液体积/mL						
滴定管初读数/mL						
终点时滴定管读数/mL						
体积校正/mL						
溶液温度/℃						
溶液体积温度校正值/mL						
滴定时实际消耗 NH_4SCN 溶液体积/mL						
$AgNO_3$ 标准滴定溶液浓度 c/(mol/L)						
$AgNO_3$ 标准滴定溶液浓度平均值 $\bar{c}$/(mol/L)						
相对平均偏差/%						
NH_4SCN 标准滴定溶液浓度 c/(mol/L)						
NH_4SCN 标准滴定溶液浓度平均值 $\bar{c}$/(mol/L)						
相对平均偏差/%						

续表
4. 数据处理
5. 分析结果

任务二　测定酱油中NaCl的含量

一、测定酱油中NaCl的含量

准确移取酱油溶液5mL，转移至250mL容量瓶中，加蒸馏水稀释至刻度，摇匀。准确移取10.00mL置于250mL锥形瓶中，加蒸馏水50mL，加入15mL 6mol/L的HNO_3溶液，用移液管准确加入25.00mL 0.02mol/L $AgNO_3$标准溶液，再加5mL邻苯二甲酸二丁酯，用力振荡摇匀。待AgCl沉淀凝聚后，加入5mL铁铵矾指示剂，用0.02mol/L的NH_4SCN溶液滴定，直至出现淡红色为终点（仔细观察终点颜色）（见图13-18～图13-27）。记录消耗NH_4SCN溶液的体

图13-18　准确移取5mL酱油

图13-19　稀释定容至250mL容量瓶中

图13-20　准确移取10.00mL于锥形瓶中

图13-21　加50mL蒸馏水

图13-22　加15mL 6mol/L的HNO₃溶液

图13-23　准确加入25.00mL AgNO₃标准溶液

图13-24　加入5mL邻苯二甲酸二丁酯

图13-25　加入5mL铁铵矾指示剂

图13-26　用0.02mol/L的NH₄SCN溶液滴定

图13-27　酱油测定终点颜色

积，平行测定3次。

二、计算公式

$$\rho(NaCl)=\frac{c(AgNO_3)V(AgNO_3)-c(NH_4SCN)V(NH_4SCN)}{5\times\dfrac{10}{250}}\times M(NaCl) \quad (13\text{-}3)$$

式中　$\rho(NaCl)$——酱油中NaCl的质量浓度，g/L；

　　　$c(AgNO_3)$——AgNO₃标准溶液浓度，mol/L；

　　　$c(NH_4SCN)$——NH₄SCN标准溶液浓度，mol/L；

　　　$V(AgNO_3)$——AgNO₃标准溶液的体积，mL；

　　　$V(NH_4SCN)$——消耗NH₄SCN溶液的体积，mL。

三、数据记录

测定酱油中 NaCl 的含量见表 13-4。

表 13-4　酱油中 NaCl 含量的测定数据

1. 测定方法				
2. 仪器、试剂				
3. 测定依据、实验注意事项				
4. 数据记录				
	标准滴定溶液名称		标准滴定溶液浓度/(mol/L)	
	标准滴定溶液名称		标准滴定溶液浓度/(mol/L)	
项目 \ 测定次数		1	2	3
移取酱油体积/mL				
容量瓶体积/mL				
移取稀释后酱油体积/mL				
滴定管初读数/mL				
终点时滴定管读数/mL				
体积校正/mL				
溶液温度/℃				
溶液体积温度校正值/mL				
滴定时实际消耗 NH_4SCN 溶液体积/mL				
酱油中 Cl^- 含量/(g/L)				
酱油中平均 Cl^- 含量/(g/L)				
相对平均偏差/%				
数据处理				
5. 分析结果				

四、注意事项

（1）操作过程中避免阳光直接照射。

（2）$AgNO_3$试剂及其溶液具有腐蚀性，破坏皮肤组织，注意切勿接触皮肤及衣服。

 知识链接

沉淀滴定法

沉淀滴定法是利用生成难溶性银盐的反应，以测定Cl^-、Br^-、I^-、SCN^-和Ag^+等的滴定分析法。

1. 莫尔法

莫尔法是在中性或弱碱性溶液中，以K_2CrO_4作指示剂的滴定分析法。

此法可用于直接滴定Cl^-或Br^-（对I^-、SCN^-的滴定误差较大），即以$AgNO_3$标准溶液滴定溶液中的Cl^-或Br^-；也可用返滴定法测定Ag^+，即加过量的NaCl标准溶液后，以$AgNO_3$标准溶液滴定。

凡能与Ag^+或CrO_4^{2-}反应生成沉淀的离子都干扰测定。

2. 佛尔哈德法

佛尔哈德法是在稀硝酸溶液中，以铁铵矾作指示剂的滴定分析法。

此法可用于直接滴定Ag^+，即以NH_4SCN标准溶液滴定溶液中的Ag^+，也可用返滴定法测定Cl^-、Br^-、I^-、SCN^-，即加入过量的$AgNO_3$标准溶液后，以NH_4SCN标准溶液滴定。但是测定Cl^-时，应采取措施防止AgCl沉淀转化；测I^-时，应防止Fe^{3+}氧化I^-。

3. 法扬司法

法扬司法是使用吸附指示剂的滴定分析法。

此法用于直接滴定Cl^-、Br^-、I^-、SCN^-。但要根据被滴定离子选择指示剂，再以指示剂确定溶液酸度。

项目总结

技能点
- 硫氰酸铵标准溶液的制备与标定
- 佛尔哈德法测定酱油中Cl^-
- 返滴定分析操作技能
- 滴定分析操作技能

知识点
- 沉淀滴定条件
- 佛尔哈德法应用条件
- 实验数据处理

思 考 题

实验设计:纯碱中氯化钠含量的测定

纯碱(Na_2CO_3)分子量106。由于是从食盐中制得,故纯碱中含有少量NaCl。要求学生在查阅分析资料、进行必要的计算等基础上独立完成实验方案设计,包括以下方面。

(1)需要用到的仪器(规格、数量)、试剂(浓度及配制、标定方法)。

(2)实验测定步骤:标准溶液标定方法;试样的称取或量取方法;加入辅助试剂及加入量;指示剂;产生的现象等。

(3)实验数据记录表及结果计算:写出计算公式、计算结果并求出相对平均偏差。

(4)实验注意事项。

学生在实验前设计实验方案,交实验指导教师审阅批准后方可进行实验操作,要求独立完成实验及实验报告。

项目十四　可溶性硫酸盐中硫酸根含量的测定

项目导入

重量分析法是一种经典的分析方法，在历史上起过相当大的作用，现今仍常用它进行仲裁分析或校验其他方法。重量分析法是通过称量物质的质量来确定被测组分含量的一种经典的定量分析方法。实验中，一般先把被测组分从试样中分离出来，转化为一定的称量形式，然后根据称得的质量求出该组分的含量。重量分析法直接使用分析天平称量而获得分析结果，不需与标准试样或基准物质进行比较，因此准确性高。不过，重量分析法的操作繁琐费时，也不宜测定微量组分，逐渐为其他分析方法所代替。目前常量的硫、硅、钨、镍等元素的精密测定以及某些仲裁分析中仍用重量分析法，因此重量分析法仍是定量分析的基本方法之一。

学习目标

（1）理解重量分析法的基本概念。
（2）能熟练使用天平、烘箱、马弗炉、过滤器具的基础操作。
（3）能准确完成沉淀、过滤、转移、洗涤、烘干及灼烧的操作过程。
（4）能在实验中采取必要的安全防护措施，注意保护环境。
（5）在实验过程中培养学生严谨的科学态度，激发学生的学习热情。

工作任务

（1）熟练过滤操作过程。
（2）能正确计算沉淀的含量。

任务活动过程

任务简介

用去离子水或稀盐酸提取样品中的硫酸盐，提取液经慢速定量滤纸过滤后，加入氯化钡溶液，提取液中的硫酸根离子转化为硫酸钡沉淀。沉淀经过滤、烘干、恒重，根据硫酸钡沉淀的质量计算土壤中水溶性和酸溶性硫酸盐的含量。

任务目标

（1）独立操作沉淀生成、过滤、转移、洗涤、烘干及灼烧的过程。
（2）能用硫酸钡的质量计算出硫酸根离子的含量，完成硫酸根离子的含量的计算。

任务准备

试剂与仪器

1. 试剂

（1）甲基橙溶液（1g/L） 称取 0.1g 甲基橙溶于 50mL 水中，加热助溶，冷却稀释至 100mL。玻璃瓶中保存。
（2）盐酸溶液 c（HCl）=6mol/L。
（3）氢氧化钠溶液 c（NaOH）=5mol/L。
（4）氯化钡溶液 100g/L。

2. 仪器

500mL 烧杯、电炉、慢速定量滤纸、刻度吸管、玻璃砂芯漏斗（恒重）、抽滤瓶、玻璃棒、干燥器（带无水变色硅胶）、马弗炉。

内容

任务 沉淀分析法测定可溶性硫酸盐中硫酸根含量

按照 HJ/T 166 的相关规定采集和保存样品。样品经预处理得实验使用试样。

一、酸化煮沸

移取 100mL 适量试样于 500mL 烧杯中，试料中硫酸根离子含量不应超过 500mg/L。记录试料的准确体积，用水稀释至 200mL。加入 2～3 滴甲基橙溶液，用盐酸溶液或氢氧化钠溶液中和至 pH 值 5～8，再加入 2.0mL 盐酸溶液，煮沸至少 5min。如煮沸后溶液澄清，继续沉淀操作。如出现不溶物，用慢速定量滤纸趁热过滤混合物并用少量热水冲洗滤纸，合并滤液和洗液于 500mL 烧杯中，再继续沉淀操作（见图 14-1～图 14-8）。

图14-1 实验准备

图14-2 量筒量取100mL试样

图14-3 试样蒸馏水稀释至200mL

图14-4 试样加入2滴甲基橙指示剂

图14-5 试样氢氧化钠调pH

图14-6 试样调pH至黄色

图14-7 试样加2mL盐酸酸化

图14-8 酸化后的试样煮沸5min

二、沉淀

用量筒向上述煮沸后溶液中缓慢加入约80℃的5～15mL氯化钡，再加热该溶液至少1h，冷却后放置于（50±10）℃恒温箱内沉淀过夜（见图14-9～图14-12）。

图14-9 酸化煮沸后的试样冲洗表面皿

图14-10 酸化煮沸后的试样加入沉淀剂15mL

图14-11　沉淀后煮沸1h

图14-12　沉淀50℃恒温陈化过夜

三、过滤

将恒重的玻璃砂芯漏斗装在抽滤瓶上，小心抽吸过滤沉淀，同时用橡胶套头的玻璃棒搅拌烧杯中的沉淀。用去离子水反复冲洗烧杯，将所有洗液并入玻璃砂芯漏斗中，冲洗砂芯漏斗的沉淀物至无氯离子。

滤液中氯离子的测定方法：取少量过滤液于表面皿上滴加硝酸银溶液，如无混浊产生，则确信沉淀中无氯离子，否则应继续冲洗沉淀。

坩埚的恒重操作见图14-13～图14-15。

沉淀的过滤操作见图14-16～图14-18。

图14-13　坩埚在马弗炉中灼烧至恒重

图14-14　坩埚放入干燥器中冷却

图14-15　恒温冷却后的坩埚第一次称量

（同样的步骤重复三次，灼烧至坩埚恒重）

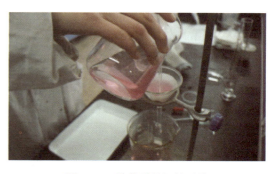
图14-16　陈化后的沉淀过滤

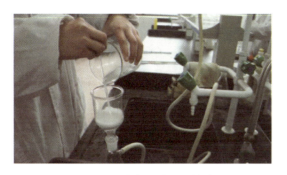

图14-17　洗涤后的沉淀抽滤

图14-18　沉淀洗涤8～10次

四、干燥

取下玻璃砂芯漏斗中的沉淀连同滤纸放入坩埚中，放入马弗炉中在400℃下灼烧至恒重滤纸完全灰化，记录最后坩埚与沉淀的质量，重复三次，使坩埚与沉淀恒重（见图14-19～图14-27）。

五、空白实验

移取与试样体积相同的空白试料，按照前四个步骤，测定空白试料中硫酸盐的含量。记录最后坩埚的质量。

图14-19　将抽滤过滤后的沉淀连同滤纸放入坩埚

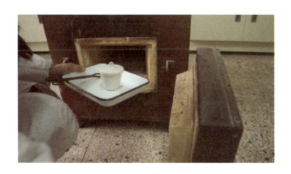

图14-20　放入马弗炉400℃灼烧

图14-21　沉淀马弗炉灼烧后取出

图14-22　沉淀灼烧后放置干燥器中恒温

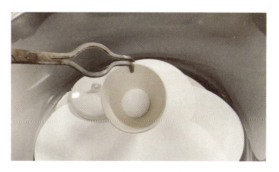

图14-23　沉淀第一次灼烧恒温后状态

图14-24 第一次灼烧恒温后称量沉淀

图14-25 沉淀放入马弗炉第二次灼烧

图14-26 沉淀第二次灼烧后放入干燥器恒重

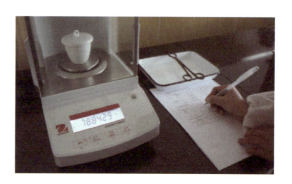

图14-27 沉淀第二次灼烧恒重后称量记录

（重复以上步骤共三次，灼烧至沉淀恒重）

六、结果及计算

样品中可溶性硫酸盐中硫酸根含量 ρ（mg/L），按下面公式进行计算：

$$\rho = \frac{(m_2 - m_1) \times 0.4116 \times 10^6}{V} \tag{14-1}$$

式中 ρ——样品可溶性硫酸盐中硫酸根含量，mg/L；

m_1——空坩埚质量，g；

m_2——灼烧后恒重（坩埚+$BaSO_4$），g；

V——试样的体积，mL；

0.4116——质量转换因子（硫酸根/硫酸钡）。

可溶性硫酸盐中硫酸根含量的测定数据记录于表14-1。

表14-1 可溶性硫酸盐中硫酸根含量测定数据

分析日期： 年 月 日 姓名

项目＼测定次数	1	2	3	备用
空坩埚质量 m_1/g				

续表

测定次数 项目	1	2	3	备用
试样的准确体积/mL				
灼烧后恒重（坩埚＋$BaSO_4$）m_2/g				
$BaSO_4$的质量/g				
样品中硫酸根的含量ρ/（mg/L）				
样品中硫酸根的平均含量$\bar{\rho}$/（mg/L）				
相对平均偏差/%				

 知识链接

一、沉淀式和称量式

沉淀析出的形式称为沉淀式，烘干或灼烧后称量时的形式称为称量式。

例如：

$$Fe^{3+} \xrightarrow{OH^-} Fe(OH)_3 \downarrow \xrightarrow{灼烧} Fe_2O_3$$

$$Ba^{2+} \xrightarrow{SO_4^{2-}} \underset{沉淀式}{BaSO_4 \downarrow} \xrightarrow{灼烧} \underset{称量式}{BaSO_4 \downarrow}$$

由此可见，称量式与沉淀式可以相同，也可以不同。

二、影响沉淀溶解度的因素

重量分析中，通常要求被测组分在溶液中的溶解量不超过称量误差（即0.2mg），但是很多沉淀不能满足要求。因此必须了解影响沉淀的因素，以便控制沉淀反应的条件，使沉淀达到重量分析的要求。影响沉淀溶解的因素有以下几个。

（1）同离子效应　组成沉淀的称为构晶离子。在难溶电解质的饱和溶液中，如果加入含有构晶离子的溶液，则溶解度会减小，这一效应称为同离子效应。

（2）盐效应　在难溶电解质的饱和溶液中，加入其他易溶的强电解质，使难溶电解质的溶解度比同温度时在水中溶解度增大，这种现象称为盐效应。

（3）酸效应　溶液酸度对沉淀溶解度的影响称为酸效应。若沉淀为强酸盐则影响不大；但对弱酸盐，影响就大。

（4）配位效应　当溶液中存在能与沉淀的构晶离子形成配合物的配位剂时，则沉淀的溶解度增大，这种现象称为配位现象。

三、影响沉淀纯净度的因素

（1）共沉淀效应　当沉淀从溶液析出时，溶液中其他溶性组分被沉淀带下来混入沉淀之中的现象称为共沉淀现象。

（2）后沉淀现象　所谓后沉淀现象是指沉淀析出后，在沉淀与母液一起放置过程中，溶液中本来难于析出的某些杂质离子可能沉淀到原沉淀表面的现象。

四、重量分析的步骤

重量分析法是根据反应生成物的质量来确定欲测定组分的含量的定量分析方法。为完成此任务，最常用的方式是将欲测定组分沉淀为一种难溶化合物。然后经一系列操作步骤来完成测定。

试样 —溶解→ 试液 —沉淀→ 沉淀式 —过滤，洗涤，烘干，灼烧→ 称量式 —质量恒定→ 计算含量

项目总结

技能点
- 过滤装置的使用
- 马弗炉的使用

知识点
- 沉淀式和称量式
- 影响沉淀的因素
- 影响沉淀纯净度的因素
- 重量分析的步骤

思考题

以 $BaCl_2$ 为沉淀剂沉淀 SO_4^{2-} 以测定其含量时，①沉淀为什么要在稀沉淀中进行？②沉淀为什么要在热溶液中进行？③沉淀剂为什么要在不断搅拌下加入并且要稍过量，沉淀完全后还要放置一段时间？

附录

附录一 技能操作评价表

一、专项技能操作评价表

1. 电子天平称量

项目	考核内容	分值	扣分标准		扣分说明	扣分	得分
天平称量（10分）	天平准备	1	进行	0	水平、清扫、调零		
			未进行	1			
	干燥器的使用	1	正确	0	平推、用纸条或手套取基准物或试样、不碰硅脂等		
			不正确	1			
	样品取放	1	正确	0	用称量手套或纸条，样品不能放在除手上、天平内、干燥器内的任何地方		
			不正确	1			
	称量操作	2	规范	0	样品不能洒落，敲样规范		
			不规范	2			
	样品称样量范围	3	在规定量±10%内	0	称量物放于盘中心，在接受容器上方开、关称量瓶盖，敲的位置正确，手不接触称量瓶或称量瓶不接触样品接受容器，边敲边竖		
			在规定量±20%内	1			
			超出20%一个	2			
			重称一次	3			
	称量结束样品复位	1	复位	0	样品放回干燥器或指定位置		
			未复位	1			
	称量结束天平复位	1	进行	0	调零、关机、清扫、登记等		
			未进行	1			

考核时间： 年 月 日 时 分
被考核人：

2. 容量瓶使用

项目	考核内容	分值	扣分标准		扣分说明	扣分	得分
容量瓶使用（10分）	容量瓶洗涤	2	不正确	1	用蒸馏水洗净容量瓶，要求容量瓶内壁不挂水珠，必要时可用洗液洗涤容量瓶		
			规范	0			
	容量瓶试漏	3	不正确	1	水至刻度线，用滤纸擦干瓶口和瓶塞，塞好瓶塞，将容量瓶转180°倒置，停留30s，用滤纸检查瓶塞瓶口之间是否渗漏，再将瓶塞旋转180°按上述方式重复一次		
			正确	0			
	容量瓶定容操作	5	不正确	1	转移前要求烧杯内样品完全溶解；转移：用玻璃棒引流烧杯中溶液入容量瓶，玻璃棒前端伸入容量瓶内2～3cm，烧杯口紧靠玻璃棒，离容量瓶1～2cm，并用蒸馏水冲洗烧杯至少三次，洗液一并转移至容量瓶中；定容：加水到2/3水平摇动，近刻度线（1cm）停留2min左右，用胶头滴管准确定容至液面最低处与刻度线相切；摇匀：盖上瓶塞，用左手食指按住塞子，右手手指尖顶住瓶底边缘，将瓶倒置，使气泡上升到顶，再翻转使溶液全部落下后进行下一次摇动，摇动7～8次，微微打开塞子并旋转180°，重复7～8次		
			正确	0			

考核时间： 年 月 日 时 分
被考核人：

3. 碘量瓶使用

项目	考核内容	分值	扣分标准		扣分说明	扣分	得分
碘量瓶使用、滴定操作（5分）	碘量瓶磨口塞	1	正确	0	应用无名指和中指夹住，不能随意放置桌面上或其他地方		
			不正确	1			
	碘量瓶水封	2	进行	0	碘量瓶放入KI固体后暗处反应应用蒸馏水水封		
			未进行	1			
	碘量瓶塞用蒸馏水冲洗	2	进行	0	反应后碘量瓶磨口塞应用蒸馏水冲洗入内		
			未进行	1			

考核时间： 年 月 日 时 分
被考核人：

4. 移液管使用

项目	考核内容	分值	扣分标准		扣分说明	扣分	得分
移液管使用（10分）	移液管洗涤操作	2	不正确	1	用自来水、蒸馏水洗净，要求移液管内不挂水珠，必要时可用洗液洗涤；用待装液洗：溶液润洗前将水尽量沥（擦）干，小烧杯与移液管的润洗次数≥3次，最后在烧杯中吸取溶液，溶液不明显回流，润洗液量1/4球至1/3球，润洗动作正确，润洗液从尖嘴放出		
			正确	0			

续表

项目	考核内容	分值	扣分标准		扣分说明	扣分	得分
移液管使用（10分）	移液管移取试液操作	3	不正确	1	插入液面下1～2cm，吸液过刻度线5mm左右，不能吸空，溶液不能放回至原溶液中		
			熟练	0			
	移液管液面调节操作	3	不熟练	1	调刻度线前擦干外壁，调刻度线时移液管竖直（与接液废烧杯约30°），下端尖嘴靠壁，调刻度线准确，调刻度线时移液管下端没有气泡且无挂液		
			熟练、规范	0			
	移液管放液操作	2	不规范	1	移液管竖直（与接液容器约30°）、下端尖嘴靠壁、停顿约15s、旋转，用少量水冲下接受容器壁上的溶液		
			正确	0			

考核时间： 年 月 日 时 分
被考核人：

5. 滴定管使用

项目	考核内容	分值	扣分标准		扣分说明	扣分	得分
滴定管使用	滴定管试漏	1	试漏	0	装水至0刻度，夹在滴定管架上，待2min后检查下面的瓷板或滤纸上是否有液体，用滤纸检查活塞处是否漏液，滴定管尖是否有液滴，滴定管内液面是否下降。活塞旋转180°重复一次上述操作		
			未试漏	1			
	滴定管洗涤	1	正确	0	用自来水清洗、再用蒸馏水清洗，必要时用洗液清洗。要求滴定管内壁不挂水珠		
			不正确	1			
	滴定管润洗方法	1	规范	0	润洗前尽量沥干，润洗量10～15mL，润洗动作正确，润洗≥3次		
			不规范	1			
	滴定管装液	1	正确	0	装溶液前摇匀溶液，装溶液时标签对手心，溶液不能溢出		
			不正确	1			
	滴定管赶气泡	1	正确	0	稍微倾斜滴定管，快速打开活塞，气泡瞬间会逼出		
			不正确	1			
	滴定管尖残液处理	1	正确	0	用干净小烧杯靠去滴定管尖端残液		
			不正确	1			
	调零	1	正确	0	手持于滴定管上端无刻度处，滴定管自然下垂，眼睛与"0"刻度平视，无色液体凹液面最低处与"0"刻度相切		
			不正确	1			
	滴定速度	1	正确	0	不能直放，滴定过程中能看清液滴，近终点放慢滴速		
			不正确	2			
	滴定管的握持	1	正确	0	用左手控制活塞，无名指和小指向手心弯曲，轻轻抵住出口管，拇指在前，食指和中指在后，手指略微弯曲，轻轻向内扣住活塞，手心空握		
			不正确	1			

续表

项目	考核内容	分值	扣分标准		扣分说明	扣分	得分
滴定管使用	滴定与摇瓶操作配合	1	熟练	0	右手拇指、食指和中指捏住瓶颈,瓶底离桌面约2~3cm。调节滴定管高度,使其下端伸入瓶口约1cm。右手运用腕力摇动锥形瓶,使其向同一方向作圆周运动,边滴加溶液边摇动锥形瓶		
			不熟练	1			
	终点控制(半滴控制技术)	2	熟练	0	微微转动活塞使溶液悬在出口管嘴上形成半滴,但未落下,用锥形瓶内壁将其沾下,然后将瓶倾斜把附于壁上的溶液洗入瓶中,再摇匀溶液至滴定终点		
			不熟练	2			
	终点判断	2	正确	0	达到终点时出现的颜色而又不再消逝为止,一般30s内不再变即到达滴定终点		
			不正确	1			
	读数	1	正确	0	滴定开始前和滴定终了都要读取数值,用右手拇指和食指捏住滴定管上部无刻度处,使管自然下垂,使弯液面的最低点与分度线上边缘的水平面相切,视线与分度线上边缘在同一水平面上		
			不正确	1			
	实验重做		重做一次	10			

考核时间: 　　年　　月　　日　　时　　分

被考核人:

6. 移液管、容量瓶、滴定管校准

考核项目		考核内容	考核记录		分值
移液管绝对校准	移液管的准备	移液管洗涤方法	正确		
			不正确		
		移液管洗涤效果	不挂水珠		
			挂水珠		
		管尖及外壁水的处理	吸干		
			未吸干		
	蒸馏水移取	洗耳球、移液管手持姿势	正确		
			不正确		
		吸液时管尖插入液面深度	1~2cm		
			过深、过浅、吸空		
		洗液高度	刻度以上少许		
			过高		
		调节液面前外壁的处理	擦干		
			未擦		
		调节液面时手指动作	规范自如		
			不规范		
		调节液面时视线	水平		
			不正确		
		调节液面时管尖是否有气泡	无		
			有		

续表

考核项目		考核内容	考核记录		分值
移液管绝对校准	放出溶液	移液管竖直、接收容器倾斜30°~45°，管尖碰壁	正确		
			不正确		
		接收容器不能用手直接接触	是		
			否		
		溶液自然流出	是		
			否		
		溶液流完后停靠15s	是		
			否		
		最后管尖靠壁左右旋转	是		
			否		
	称取质量	正确记录	是		
			否		
	计算校正值	读取温度、换算正确	是		
			否		
容量瓶绝对校准	容量瓶的准备	容量瓶洗涤	正确		
			不正确		
		容量瓶洗涤效果	不挂水珠		
			挂水珠		
		自然晾干或风干处理	干燥		
			未干燥		
	容量瓶校正	容量瓶手持姿势（不能用手直接接触）	正确		
			不正确		
		称出空瓶质量、记录	1~2cm		
			过深、过浅、吸空		
		注入蒸馏水	正确		
			不正确		
		离刻度1cm附近改用胶头滴管	正确		
			不正确		
		注蒸馏水不能接触磨口部分	正确		
			不规范		
	称取质量	滴加蒸馏水至计算质量	是		
			否		
	贴校正刻线	视线与液面凹处平视，用透明胶带正确贴上标记	是		
			否		

续表

考核项目		考核内容	考核记录		分值
滴定管绝对校准	滴定管的准备	滴定管洗涤方法	正确		
			不正确		
		洗涤效果	不挂水珠		
			挂水珠		
		试漏及试漏方法	正确		
			不正确		
		赶气泡	正确		
			不正确		
		调节液面前静置1～2min	静置		
			未静置		
	滴定管校准	滴定管手持姿势（不能用手直接接触接受容器）	正确		
			不正确		
		称出空瓶质量、记录	正确		
			不正确		
		放液0～10mL，准确读数，称量	正确		
			不正确		
		再次调液至0刻度	正确		
			不正确		
		按规定放出蒸馏水体积，称量，记录	正确		
			不规范		
	计算校正值	计算过程正确	是		
			否		
	画校准曲线	坐标纸上正确画校准曲线	是		
			否		

7. 文明操作

项目	考核内容	分值	扣分标准		扣分说明	扣分	得分
文明操作（10分）	实验过程台面	2	整洁有序	0	实验过程中始终保持实验台面整洁、整齐、有序		
			脏乱	2			
	废液、纸屑等	6	正确		实验废液不能随意倾倒入水槽，应倒入废液桶，废纸不能随意丢弃，放入指定固体废物桶		
			不正确				
	实验后整理台面，试剂、仪器放回原处	2	整理	0	实验完成后整理实验台面，清洗玻璃器皿，试剂放回原处或指定地点		
			未整理	2			
	仪器的损坏		未损坏	0	实验中所用分析仪器均为玻璃器皿，小心轻拿轻放，打破玻璃器皿要按规定赔偿		
			损坏一件	5			

考核时间： 年 月 日 时 分

被考核人：

8. 实验报告数据记录及处理

项目	考核内容	分值	扣分标准		扣分说明	扣分	得分
数据记录、处理及报告（10分）	原始记录、数字按照仿宋体	2	完整、规范	0	实验数据记录在原始记录本上，不得记录在纸片上或其他地方，原始记录不准涂改，数据记录规范、科学合理		
			欠完整、不规范	1			
	法定计量单位的使用	1	使用	0	单位填写正确		
			不使用	1			
	有效数字	1	符合规则	0	有效数字位数正确，项目齐全、格式统一		
			不符合规则	1			
	计算方法（公式、校正值）及结果	3	正确	0			
			不正确	4			
	报告（完整、规范、整洁）	3	规范	0			
			不规范	3			

考核时间：　　　　年　　月　　日　　时　　分

被考核人：

9. 标定、测定结果

项目	考核内容	分值	扣分标准		扣分说明	扣分	得分
标定结果评价（25分）	精密度（16分）相对极差或相对平均偏差	15	≤0.15%	0			
		12	>0.15%～≤0.25%	4			
		9	>0.25%～≤0.35%	7			
		6	>0.35%～≤0.45%	10			
		3	>0.45%～≤0.55%	13			
		0	>0.55%	15			
	准确度（10分）	10	≤0.1%	0			
		8	>0.1%～≤0.2%	2			
		6	>0.2%～≤0.3%	4			
		4	>0.3%～≤0.4%	6			
		2	>0.4%～≤0.5%	8			
		0	>0.5%	10			

续表

项目	考核内容	分值	扣分标准		扣分说明	扣分	得分
测定结果评价（25分）	精密度（10分）相对极差或相对平均偏差	10	≤0.15%	0			
		8	>0.15%～≤0.25%	2			
		6	>0.25%～≤0.35%	4			
		4	>0.35%～≤0.45%	6			
		2	>0.45%～≤0.55%	8			
		0	>0.55%	10			
	准确度（16分）	15	≤0.2%	0			
		12	>0.2%～≤03%	4			
		9	>0.3%～≤0.4%	7			
		6	>0.4%～≤0.5%	10			
		3	>0.5%～≤0.6%	13			
		0	>0.6%	15			
其他	实验重做		重做一次	5			
	篡改（如伪造、凑数据等）测量数据的，总分以零分计						

考核时间： 年 月 日 时 分
被考核人：

二、完整实验项目技能操作评分表

作业项目	考核内容	配分	操作要求	考核记录	扣分说明	扣分	得分
基准物的称量（8分）	称量操作	1	1. 检查天平水平		每错一项扣0.5分，扣完为止		
			2. 清扫天平				
			3. 敲样动作正确				
	基准物称量范围	6	1. 在规定量±5%～±10%内		每错一个扣1分，扣完为止		
			2. 称量范围最多不超过±10%		每错一个扣2分，扣完为止		
	结束工作	1	1. 复原天平		每错一项扣0.5分，扣完为止		
			2. 放回凳子				

续表

作业项目	考核内容	配分	操作要求	考核记录	扣分说明	扣分	得分
试液配制（5分）	容量瓶洗涤	0.5	洗涤干净		洗涤不干净，扣0.5分		
	容量瓶试漏	0.5	正确试漏		不试漏，扣0.5分		
	定量转移	2	转移动作规范		每错一项扣1分，扣完为止		
			洗涤小烧杯				
	定容	2	1. 2/3处水平摇动		1、3项错扣0.5分，2项错扣1分，扣完为止		
			2. 准确稀释至刻线				
			3. 摇匀动作正确				
移取溶液（6分）	移液管洗涤	0.5	洗涤干净		洗涤不干净，扣0.5分		
	移液管润洗	2	润洗方法正确		每错一项扣1分，扣完为止。从容量瓶或原瓶中直接移取溶液扣1分		
			润洗次数不少于3次				
	吸溶液	1	1. 不吸空		每错一次扣1分，扣完为止		
			2. 不重吸				
	调刻线	1	1. 调刻线前擦干外壁		每错一项扣0.5分，扣完为止		
			2. 调节液面操作熟练				
	放溶液	1.5	1. 移液管竖直		每错一项扣0.5分，扣完为止		
			2. 移液管尖靠壁				
			3. 放液后停留约15s				
托盘天平使用（0.5分）	称量	0.5	称量操作规范		操作不规范扣0.5分，扣完为止		
滴定操作（4.5分）	滴定管的洗涤	0.5	洗涤干净		洗涤不干净，扣0.5分		
	滴定管的试漏	0.5	正确试漏		不试漏，扣0.5分		
	滴定管的润洗	1	润洗方法正确		润洗方法不正确扣1分		
	调零点	0.5	调零点正确		不正确，扣0.5分		
	滴定操作	2	1. 滴定速度适当		每错一项扣1分，扣完为止		
			2. 终点控制熟练				

续表

作业项目	考核内容	配分	操作要求	考核记录	扣分说明	扣分	得分
滴定终点（4分）	标定终点	4	终点判断正确		每错一个扣1分，扣完为止		
	测定终点		终点判断正确				
读数（2分）	读数	2	读数正确		每错一个扣1分，扣完为止		
原始数据记录（3分）	原始数据记录	3	1. 原始数据记录不用其他纸张记录		每错一个扣1分，扣完为止		
			2. 原始数据及时记录				
			3. 正确进行滴定管体积校正（现场裁判应核对体积校正值）				
文明操作结束工作（1分）	物品摆放仪器洗涤"三废"处理	1	1. 仪器摆放整齐		每错一项扣0.5分，扣完为止		
			2. 废纸/废液不乱扔乱倒				
			3. 结束后清洗仪器				
重大失误（本项最多扣10分）			基准物的称量		称量失败，每重称一次倒扣2分		
			试液配制		溶液配制失误，重新配制的，每次倒扣5分		
			滴定操作		重新滴定，每次倒扣5分		
					篡改（如伪造、凑数据等）测量数据的，总分以零分计		
特别说明			打坏仪器照价赔偿				

考核时间：　　年　　月　　日　　时　　分
被考核人：

附录二　常用基准物质的干燥条件及应用

基准物质		干燥后组成	干燥条件/℃	标定对象
名称	化学式			
碳酸氢钠	$NaHCO_3$	Na_2CO_3	270~300	酸
碳酸钠	$Na_2CO_3 \cdot 10H_2O$	Na_2CO_3	270~300	酸
硼砂	$Na_2B_4O_7 \cdot 10H_2O$	$Na_2B_4O_7 \cdot 10H_2O$	放在含NaCl和蔗糖饱和水溶液的干燥器中	酸
碳酸氢钾	$KHCO_3$	K_2CO_3	270~300	酸
草酸	$H_2C_2O_4 \cdot 2H_2O$	$H_2C_2O_4 \cdot 2H_2O$	室温空气干燥	碱或$KMnO_4$

续表

基准物质		干燥后组成	干燥条件/℃	标定对象
名称	化学式			
邻苯二甲酸氢钾	$KHC_8H_4O_4$	$KHC_8H_4O_4$	110～120	碱
重铬酸钾	$K_2Cr_2O_7$	$K_2Cr_2O_7$	140～150	还原剂
溴酸钾	$KBrO_3$	$KBrO_3$	130	还原剂
碘酸钾	KIO_3	KIO_3	130	还原剂
铜	Cu	Cu	室温干燥器中保存	还原剂
三氧化二砷	As_2O_3	As_2O_3	室温干燥器中保存	氧化剂
草酸钠	$Na_2C_2O_4$	$Na_2C_2O_4$	130	氧化剂
碳酸钙	$CaCO_3$	$CaCO_3$	110	EDTA
锌	Zn	Zn	室温干燥器中保存	EDTA
氧化锌	ZnO	ZnO	900～1 000	EDTA
氯化钠	NaCl	NaCl	500～600	$AgNO_3$
氯化钾	KCl	KCl	500～600	$AgNO_3$
硝酸银	$AgNO_3$	$AgNO_3$	180～290	氯化物

附录三 常用指示剂

1. 酸碱指示剂

指示剂名称	pH变色范围	颜色变化		溶液配制方法
甲基黄	2.9～4.0	红色	黄色	0.1%乙醇（90%）溶液
溴酚蓝	3.0～4.6	黄色	蓝色	0.1%乙醇（20%）溶液
甲基橙	3.1～4.4	红色	黄色	0.1%水溶液
溴甲酚绿	3.8～5.4	黄色	蓝色	0.1%乙醇（20%）溶液
甲基红	4.4～6.2	红色	黄色	0.1%乙醇（60%）溶液
溴百里酚蓝	6.0～7.6	黄色	蓝色	0.1%乙醇（20%）
中性红	6.8～8.0	红色	黄色	0.1%乙醇（60%）溶液
酚红	6.8～8.0	黄色	红色	0.1%乙醇（20%）溶液
甲酚红（第二次变色）	7.2～8.8	黄色	红色	0.04%乙醇（50%）溶液
百里酚蓝（第二次变色）	8.0～9.6	黄色	蓝色	0.1%乙醇（20%）溶液
酚酞	8.2～10.0	无色	淡红色	0.1%乙醇（60%）溶液
百里酚酞	9.4～10.6	无色	蓝色	0.1%乙醇（90%）溶液

2. 酸碱混合指示剂

指示剂名称	变色点pH	颜色		溶液配制方法
		酸式色	碱式色	
溴甲酚绿-甲基红	5.1	酒红色	绿色	三份1g/L的溴甲酚绿乙醇溶液 两份2g/L的甲基红乙醇溶液
甲基红-亚甲基蓝	5.4	红紫色	绿色	一份2g/L的甲基红乙醇溶液 一份1g/L的亚甲基蓝乙醇溶液
甲基橙-靛蓝（二磺酸）	4.1	紫色	黄绿色	一份1g/L的甲基橙溶液 一份2.5g/L的靛蓝（二磺酸）水溶液
中性红-亚甲基蓝	7.0	紫蓝色	绿色	一份1g/L的中性红乙醇溶液 一份1g/L的亚甲基蓝乙醇溶液
甲酚红-百里酚蓝	8.3	黄色	紫色	一份1g/L的甲酚红钠盐水溶液 三份1g/L的百里酚蓝钠盐水溶液

3. 金属离子指示剂

指示剂名称	颜色		配制方法
	游离态	化合物	
铬黑T（EBT）	蓝色	红色	1. 将0.2g铬黑T溶于15mL三乙醇胺及5mL甲醇中 2. 将0.2g铬黑T与100gNaCl研细混匀 3. 称取0.5g铬黑T和2g盐酸羟胺，溶于乙醇（95%），用乙醇（95%）稀释至100mL
钙指示剂（N.N）	蓝色	酒红色	0.5g钙指示剂与100gNaCl研细混匀
二甲酚橙（XO）	黄色	红色	称取0.2g二甲酚橙，溶于水，稀释至100mL
磺基水杨酸	无色	红色	100g/L的水溶液
紫脲酸铵			称取1g紫脲酸铵及200g干燥的氯化钠，混匀，研细
PAN指示剂	黄色	红色	0.1g或0.2gPAN溶于100mL乙醇中

4. 氧化还原指示剂

指示剂名称	变色电位 φ/V	颜色		配制方法
		氧化态	还原态	
二苯胺	0.76	紫色	无色	将1g二苯胺在搅拌下溶于100mL浓硫酸和100mL浓磷酸中，贮于棕色瓶中
二苯胺磺酸钠	0.85	紫色	无色	将0.5g二苯胺磺酸钠溶于100mL水中
邻菲罗啉Fe（Ⅱ）	1.06	淡蓝色	红色	称取0.7g $FeSO_4 \cdot 7H_2O$，溶于70mL水中，加2滴硫酸，加1.5g邻菲罗啉溶解后，稀释至100mL，用前制备
淀粉（5g/L）				称取0.5g淀粉，加10mL水使其成糊状，在搅拌下将糊状物加到90mL沸水中，煮沸1～2min，冷却，稀释至100mL。使用期为两周

5. 沉淀及吸附指示剂

指示剂名称	颜色		溶液配制方法
铬酸钾	黄色	砖红色	5g铬酸钾溶于100mL水中
硫酸铁铵（40%饱和溶液）	无色	血红色	$40gNH_4Fe(SO_4)_2 \cdot 12H_2O$溶于100mL水中，加数滴浓硝酸
荧光黄	绿色荧光	玫瑰红色	0.5g荧光黄溶于乙醇并用乙醇稀释至100mL
曙红	橙色	深红色	0.5g曙红溶于100mL水中

附录四 常用缓冲溶液的配制

pH值	配制方法
0	1mol/L 的 HCl 溶液[①]
1	0.1mol/L 的 HCl 溶液
2	0.011mol/L 的 HCl 溶液
3.6	8gNaAc·3H_2O 溶于适量水中，加 6mol/L 的 HAc 溶液 134mL，稀释至 500mL
4.0	将 60mL 冰醋酸和 16g 无水醋酸钠溶于 100mL 水中，稀释至 500mL
4.5	将 30mL 冰醋酸和 30g 无水醋酸钠溶于 100mL 水中，稀释至 500mL
5.0	将 30mL 冰醋酸和 60g 无水醋酸钠溶于 100mL 水中，稀释至 500mL
5.4	将 40g 六亚甲基四胺溶于 90mL 水中，加入 20mL 6mol/L 的 HCl 溶液
5.7	100gNaAc·3H_2O 溶于适量水中，加 6mol/L 的 HAc 溶液 13mL，稀释至 500mL
7	77gNH_4Ac，用水溶解后，稀释至 500mL
7.5	60gNH_4Cl 溶于适量水中，加 15mol/L 氨水 1.4mL，稀释至 500mL
8.0	50gNH_4Cl 溶于适量水中，加 15mol/L 氨水 3.5mL，稀释至 500mL
8.5	40gNH_4Cl 溶于适量水中，加 15mol/L 氨水 8.8mL，稀释至 500mL
9.0	35gNH_4Cl 溶于适量水中，加 15mol/L 氨水 24mL，稀释至 500mL
9.5	30gNH_4Cl 溶于适量水中，加 15mol/L 氨水 65mL，稀释至 500mL
10.0	27gNH_4Cl 溶于适量水中，加 15mol/L 氨水 97mL，稀释至 500mL
10.5	9gNH_4Cl 溶于适量水中，加 15mol/L 氨水 175mL，稀释至 500mL
11.0	3gNH_4Cl 溶于适量水中，加 15mol/L 氨水 207mL，稀释至 500mL
12	0.01mol/L NaOH[②]
13	0.1mol/L NaOH

① 不能有 Cl^- 存在时，可用硝酸。
② 不能有 Na^+ 存在时，可用 KOH 溶液

附录五　国际原子量表

原子序号	符号	名称	原子量	原子序号	符号	名称	原子量	原子序号	符号	名称	原子量
1	H	氢	1.00794（7）	39	Y	钇	88.90585（2）	76	Os	锇	190.23（3）
2	He	氦	4.002602（2）	40	Zr	锆	91.224（2）	77	Ir	铱	192.217（3）
3	Li	锂	[6.941（2）]	41	Nb	铌	92.90638（2）	78	Pt	铂	195.078（2）
4	Be	铍	9.012182（3）	42	Mo	钼	95.94（1）	79	Au	金	196.96655（2）
5	B	硼	10.811（7）	43	Tc	锝	[98]	80	Hg	汞	200.59（2）
6	C	碳	12.0107（8）	44	Ru	钌	101.07（2）	81	Tl	铊	204.3833（2）
7	N	氮	14.00674（7）	45	Rh	铑	102.9055（2）	82	Pb	铅	207.2（1）
8	O	氧	15.9994（3）	46	Pd	钯	106.42（1）	83	Bi	铋	208.98038（2）
9	F	氟	18.9984032（5）	47	Ag	银	107.8682（2）	84	Po	钋	[210]
10	Ne	氖	20.1797（6）	48	Cd	镉	112.411（8）	85	At	砹	[210]
11	Na	钠	22.98977（2）	49	In	铟	114.818（3）	86	Rn	氡	[222]
12	Mg	镁	24.305（6）	50	Sn	锡	118.71（7）	87	Fr	钫	[223]
13	Al	铝	26.981538（2）	51	Sb	锑	121.76（1）	88	Ra	镭	[226]
14	Si	硅	28.0855（3）	52	Te	碲	127.6（3）	89	Ac	锕	[227]
15	P	磷	30.973762（4）	53	I	碘	126.90447（3）	90	Th	钍	232.0381（1）
16	S	硫	32.066（6）	54	Xe	氙	131.29（2）	91	Pa	镤	231.03588（2）
17	Cl	氯	35.4527（9）	55	Cs	铯	132.90545（2）	92	U	铀	238.0289（1）
18	Ar	氩	39.948（1）	56	Ba	钡	137.327（7）	93	Np	镎	[237]
19	K	钾	39.0983（1）	57	La	镧	138.9055（2）	94	Pu	钚	[244]
20	Ca	钙	40.078（4）	58	Ce	铈	140.116（1）	95	Am	镅	[243]
21	Sc	钪	44.95591（8）	59	Pr	镨	140.90765（2）	96	Cm	锔	[247]
22	Ti	钛	47.867（1）	60	Nd	钕	144.24（3）	97	Bk	锫	[247]
23	V	钒	50.9415（1）	61	Pm	钷	[145]	98	Cf	锎	[251]
24	Cr	铬	51.9961（6）	62	Sm	钐	150.36（3）	99	Es	锿	[252]
25	Mn	锰	54.938049（9）	63	Eu	铕	151.964（1）	100	Fm	镄	[257]
26	Fe	铁	55.845（2）	64	Gd	钆	157.25（3）	101	Md	钔	[258]
27	Co	钴	58.9332（9）	65	Tb	铽	158.92534（2）	102	No	锘	[259]
28	Ni	镍	58.6934（2）	66	Dy	镝	162.5（3）	103	Lr	铹	[260]
29	Cu	铜	63.546（3）	67	Ho	钬	164.93032（2）	104	Rf	钅卢	[261]
30	Zn	锌	65.39（2）	68	Er	铒	167.26（3）	105	Db	𨧀	[262]
31	Ga	镓	69.723（1）	69	Tm	铥	168.93421（2）	106	Sg	𨭎	[263]
32	Ge	锗	72.61（2）	70	Yb	镱	173.04（3）	107	Bh	𨨏	[264]
33	As	砷	74.9216（2）	71	Lu	镥	174.967（1）	108	Hs	𨭆	[265]
34	Se	硒	78.96（3）	72	Hf	铪	178.49（2）	109	Mt	䥑	[266]
35	Br	溴	79.904（1）	73	Ta	钽	180.9479（1）	110	Ds	鐽	[269]
36	Kr	氪	83.8（1）	74	W	钨	183.84（1）	111	Rg	錀	[272]
37	Rb	铷	85.4678（3）	75	Re	铼	186.207（1）	112	Uub		[277]
38	Sr	锶	87.62（1）								

附录六　常见化合物的摩尔质量

化合物	M / (g/mol)	化合物	M / (g/mol)	化合物	M / (g/mol)
Ag_3AsO_4	462.52	$FeSO_4 \cdot 7H_2O$	278.01	$(NH_4)_2C_2O_4$	124.10
$AgBr$	187.77	$Fe(NH_4)_2(SO_4)_2 \cdot 6H_2O$	392.13	$(NH_4)_2C_2O_4 \cdot H_2O$	142.11
$AgCl$	143.32	H_3AsO_3	125.94	NH_4SCN	76.12
$AgCN$	133.89	H_3AsO_4	141.94	NH_4HCO_3	79.06
$AgSCN$	165.95	H_3BO_3	61.83	$(NH_4)_2MoO_4$	196.01
$AlCl_3$	133.34	HBr	80.91	NH_4NO_3	80.04
Ag_2CrO_4	331.73	HCN	27.03	$(NH_4)_2HPO_4$	132.06
AgI	234.77	$HCOOH$	46.03	$(NH_4)_2S$	68.14
$AgNO_3$	169.87	CH_3COOH	60.05	$(NH_4)_2SO_4$	132.13
$AlCl_3 \cdot 6H_2O$	241.43	H_2CO_3	62.02	NH_4VO_3	116.98
$Al(NO_3)_3$	213.00	$H_2C_2O_4$	90.04	Na_3AsO_3	191.89
$Al(NO_3)_3 \cdot 9H_2O$	375.13	$H_2C_2O_4 \cdot 2H_2O$	126.07	$Na_2B_4O_7$	201.22
Al_2O_3	101.96	$H_2C_4H_4O_4$（丁二酸）	118.09	$Na_2B_4O_7 \cdot 10H_2O$	381.37
$Al(OH)_3$	78.00	$H_2C_4H_4O_6$（酒石酸）	150.09	$NaBiO_3$	279.97
$Al_2(SO_4)_3$	342.14	$H_3C_6H_5O_7 \cdot H_2O$（柠檬酸）	210.14	$NaCN$	49.01
$Al_2(SO_4)_3 \cdot 18H_2O$	666.41	$H_2C_4H_4O_5$（DL-苹果酸）	134.09	$NaSCN$	81.07
As_2O_3	197.84	$HC_3H_6NO_2$（DL-α-丙氨酸）	89.10	Na_2CO_3	105.99
As_2O_5	229.84	HCl	36.46	$Na_2CO_3 \cdot 10H_2O$	286.14
As_2S_3	246.03	HF	20.01	$Na_2C_2O_4$	134.00
$BaCO_3$	197.34	HI	127.91	CH_3COONa	82.03
BaC_2O_4	225.35	HIO_3	175.91	$CH_3COONa \cdot 3H_2O$	136.08
$BaCl_2$	208.24	HNO_2	47.01	$Na_3C_6H_5O_7$（柠檬酸钠）	258.07
$BaCl_2 \cdot 2H_2O$	244.27	HNO_3	63.01	$NaC_5H_8NO_4 \cdot H_2O$（L-谷氨酸钠）	187.13
$BaCrO_4$	253.32	H_2O	18.015	$NaCl$	58.44
BaO	153.33	H_2O_2	34.02	$NaClO$	74.44
$Ba(OH)_2$	171.34	H_3PO_4	98.00	$NaHCO_3$	84.01
$BaSO_4$	233.39	H_2S	34.08	$Na_2HPO_4 \cdot 12H_2O$	358.14
$BiCl_3$	315.34	H_2SO_3	82.07	$Na_2H_2C_{10}H_{12}O_8N_2$（EDTA 二钠盐）	336.21

续表

化合物	M / (g/mol)	化合物	M / (g/mol)	化合物	M / (g/mol)
BiOCl	260.43	H_2SO_4	98.07	$Na_2H_2C_{10}H_{12}O_8N_2 \cdot 2H_2O$	372.24
CO_2	44.01	$Hg(CN)_2$	252.63	$NaNO_2$	69.00
CaO	56.08	$HgCl_2$	271.50	$NaNO_3$	85.00
$CaCO_3$	100.09	Hg_2Cl_2	472.09	Na_2O	61.98
CaC_2O_4	128.10	HgI_2	454.40	Na_2O_2	77.98
$CaCl_2$	110.99	$Hg_2(NO_3)_2$	525.19	NaOH	40.00
$CaCl_2 \cdot 6H_2O$	219.08	$Hg_2(NO_3)_2 \cdot 2H_2O$	561.22	Na_3PO_4	163.94
$Ca(NO_3)_2 \cdot 4H_2O$	236.15	$Hg(NO_3)_2$	324.60	Na_2S	78.04
$Ca(OH)_2$	74.09	HgO	216.59	$Na_2S \cdot 9H_2O$	240.18
$Ca_3(PO_4)_2$	310.18	HgS	232.65	Na_2SO_3	126.04
$CaSO_4$	136.14	$HgSO_4$	296.65	Na_2SO_4	142.04
$CdCO_3$	172.42	Hg_2SO_4	497.24	$Na_2S_2O_3$	158.10
$CdCl_2$	183.82	$KAl(SO_4)_2 \cdot 12H_2O$	474.38	$Na_2S_2O_3 \cdot 5H_2O$	248.17
CdS	144.47	KBr	119.00	$NiCl_2 \cdot 6H_2O$	237.70
$Ce(SO_4)_2$	332.24	$KBrO_3$	167.00	NiO	74.70
$Ce(SO_4)_2 \cdot 4H_2O$	404.30	KCl	74.55	$Ni(NO_3)_2 \cdot 6H_2O$	290.80
$CoCl_2$	129.84	$KClO_3$	122.55	NiS	90.76
$CoCl_2 \cdot 6H_2O$	237.93	$KClO_4$	138.55	$NiSO_4 \cdot 7H_2O$	280.86
$Co(NO_3)_2$	182.94	KCN	65.12	$Ni(C_4H_7N_2O_2)_2$ (丁二酮肟合镍)	288.91
$Co(NO_3)_2 \cdot 6H_2O$	291.03	KSCN	97.18	P_2O_5	141.95
CoS	90.99	K_2CO_3	138.21	$PbCO_3$	267.21
$CoSO_4$	154.99	K_2CrO_4	194.19	PbC_2O_4	295.22
$CoSO_4 \cdot 7H_2O$	281.10	$K_2Cr_2O_7$	294.18	$PbCl_2$	278.10
$CO(NH_2)_2$ (尿素)	60.06	$K_3Fe(CN)_6$	329.25	$PbCrO_4$	323.19
$CS(NH_2)_2$ (硫脲)	76.116	$K_4Fe(CN)_6$	368.35	$Pb(CH_3COO)_2 \cdot 3H_2O$	379.30
C_6H_5OH	94.113	$KFe(SO_4)_2 \cdot 12H_2O$	503.24	$Pb(CH_3COO)_2$	325.29
CH_2O	30.03	$KHC_2O_4 \cdot H_2O$	146.14	PbI_2	461.01
$C_{14}H_{14}N_3O_3SNa$ (甲基橙)	327.33	$KHC_2O_4 \cdot H_2C_2O_4 \cdot H_2O$	254.19	$Pb(NO_3)_2$	331.21
$C_6H_5NO_3$ (硝基酚)	139.11	$KHC_4H_4O_6$ (酒石酸氢钾)	188.18	PbO	223.20
$C_4H_8N_2O_2$ (丁二酮肟)	116.12	$KHC_8H_4O_4$ (邻苯二甲酸氢钾)	204.22	PbO_2	239.20
$(CH_2)_6N_4$ (六亚甲基四胺)	140.19	$KHSO_4$	136.16	$Pb_3(PO_4)_2$	811.54
$C_7H_6O_6S \cdot 2H_2O$ (磺基水杨酸)	254.22	KI	166.00	PbS	239.30
C_9H_6NOH (8-羟基喹啉)	145.16	KIO_3	214.00	$PbSO_4$	303.30

续表

化合物	M / (g/mol)	化合物	M / (g/mol)	化合物	M / (g/mol)
$C_{12}H_8N_2 \cdot H_2O$（邻菲罗啉）	198.22	$KIO_3 \cdot HIO_3$	389.91	SO_3	80.06
$C_2H_5NO_2$（氨基乙酸、甘氨酸）	75.07	$KMnO_4$	158.03	SO_2	64.06
$C_6H_{12}N_2O_4S_2$（L-胱氨酸）	240.30	$KNaC_4H_4O_6 \cdot 4H_2O$	282.22	$SbCl_3$	228.11
$CrCl_3$	158.36	KNO_3	101.10	$SbCl_5$	299.02
$CrCl_3 \cdot 6H_2O$	266.45	KNO_2	85.10	Sb_2O_3	291.50
$Cr(NO_3)_3$	238.01	K_2O	94.20	Sb_2S_3	339.68
Cr_2O_3	151.99	KOH	56.11	SiF_4	104.08
$CuCl$	99.00	K_2SO_4	174.25	SiO_2	60.08
$CuCl_2$	134.45	$MgCO_3$	84.31	$SnCl_2$	189.60
$CuCl_2 \cdot 2H_2O$	170.48	$MgCl_2$	95.21	$SnCl_2 \cdot 2H_2O$	225.63
$CuSCN$	121.62	$MgCl_2 \cdot 6H_2O$	203.30	$SnCl_4$	260.50
CuI	190.45	MgC_2O_4	112.33	$SnCl_4 \cdot 5H_2O$	350.58
$Cu(NO_3)_2$	187.56	$Mg(NO_3)_2 \cdot 6H_2O$	256.41	SnO_2	150.69
$Cu(NO_3) \cdot 3H_2O$	241.60	$MgNH_4PO_4$	137.32	SnS_2	150.75
CuO	79.54	MgO	40.30	$SrCO_3$	147.63
Cu_2O	143.09	$Mg(OH)_2$	58.32	SrC_2O_4	175.64
CuS	95.61	$Mg_2P_2O_7$	222.55	$SrCrO_4$	203.61
$CuSO_4$	159.06	$MgSO_4 \cdot 7H_2O$	246.47	$Sr(NO_3)_2$	211.63
$CuSO_4 \cdot 5H_2O$	249.68	$MnCO_3$	114.95	$Sr(NO_3)_2 \cdot 4H_2O$	283.69
$FeCl_2$	126.75	$MnCl_2 \cdot 4H_2O$	197.91	$SrSO_4$	183.69
$FeCl_2 \cdot 4H_2O$	198.81	$Mn(NO_3)_2 \cdot 6H_2O$	287.04	$ZnCO_3$	125.39
$FeCl_3$	162.21	MnO	70.94	$UO_2(CH_3COO)_2 \cdot 2H_2O$	424.15
$FeCl_3 \cdot 6H_2O$	270.30	MnO_2	86.94	ZnC_2O_4	153.40
$FeNH_4(SO_4)_2 \cdot 12H_2O$	482.18	MnS	87.00	$ZnCl_2$	136.29
$Fe(NO_3)_3$	241.86	$MnSO_4$	151.00	$Zn(CH_3COO)_2$	183.47
$Fe(NO_3)_3 \cdot 9H_2O$	404.00	$MnSO_4 \cdot 4H_2O$	223.06	$Zn(CH_3COO)_2 \cdot 2H_2O$	219.50
FeO	71.85	NO	30.01	$Zn(NO_3)_2$	189.39
Fe_2O_3	159.69	NO_2	46.01	$Zn(NO_3)_2 \cdot 6H_2O$	297.48
Fe_3O_4	231.54	NH_3	17.03	ZnO	81.38
$Fe(OH)_3$	106.87	CH_3COONH_4	77.08	ZnS	97.44
FeS	87.91	$NH_2OH \cdot HCl$（盐酸羟胺）	69.49	$ZnSO_4$	161.54
Fe_2S_3	207.87	NH_4Cl	53.49	$ZnSO_4 \cdot 7H_2O$	287.55
$FeSO_4$	151.91	$(NH_4)_2CO_3$	96.09		

参考文献

［1］高职高专化学教材编写组. 分析化学. 北京：高等教育出版社，2014.
［2］周玉敏. 分析化学. 第2版. 北京：化学工业出版社，2008.
［3］李楚芝，王桂芝. 分析化学实验. 第2版. 北京：化学工业出版社，2006.
［4］王秀萍，刘世纯. 实用分析化验工读本. 第3版. 北京：化学工业出版社，2012.
［5］季建波. 化学检验工（技师、高级技师）. 北京：机械工业出版社，2006.
［6］黄一石，乔子荣. 定量分析化学. 第2版. 北京：化学工业出版社，2012.
［7］GB/T 223.25—94 钢铁及合金化学分析方法 丁二酮肟重量法测定镍量.
［8］HJ 635—2012 土壤水溶性和酸溶性硫酸盐的测定重量法.
［9］GB/T 601—2016 化学试剂标准滴定溶液的制备.
［10］GB/T 603—2002 化学试剂方法中所用制剂及制品的制备.